U0391993

高职高专"十二五"规划教材

服装
专题设计

第二版

许崇岫　张吉升　孙汝洁◎主编

ZHUANTI SHEJI

化学工业出版社

北京·

该教材是针对我国服装产业的现状需求，根据教育部高职教育人才的培养模式进行编写的。在编写过程中，注重推行产学合作、工学结合的学习与实施途径，从创意类时装设计、成衣设计、品牌服装设计等方面进行系统地阐述。本教材包括创意类服装设计、创意类服装设计的程序、成衣设计、成衣的分类设计、品牌服装设计概述、品牌服装设计的运作等内容。本书内容充实，并配有大量图片，旨在使学生掌握服装专题设计理论，培养学生创新能力和实际动手能力，提高学生的高素质专业技能水平。

　　本书可作为高职高专院校、成人高等院校以及本科院校高职教育相关专业的教材，也可供五年制高职院校、中等职业学校以及其他广大服装爱好者和服装设计从业人员阅读参考。

图书在版编目（CIP）数据

　　服装专题设计/许崇岫，张吉升，孙汝洁主编. —2版.
北京：化学工业出版社，2012.8（2025.1重印）
　　ISBN 978-7-122-14909-1

　　Ⅰ. 服… Ⅱ. ①许… ②张… ③孙… Ⅲ. 服装-设计-高
等职业教育-教材 Ⅳ. TS941.2

　　中国版本图书馆CIP数据核字（2012）第163073号

责任编辑：蔡洪伟　陈有华　　　　　　　　　装帧设计：尹琳琳
责任校对：边　涛

出版发行：化学工业出版社(北京市东城区青年湖南街13号　邮政编码100011)
印　　装：北京宝隆世纪印刷有限公司
　787mm×1092mm　1/16　印张11¼　字数272千字　2025年1月北京第2版第8次印刷

购书咨询：010-64518888　　　　　　　售后服务：010-64518899
网　　址：http://www.cip.com.cn
凡购买本书，如有缺损质量问题，本社销售中心负责调换。

定　价：45.00元　　　　　　　　　　　　　　　版权所有　违者必究

编写人员名单

主　编　许崇岫　张吉升　孙汝洁

副主编　刘燕霞　管伟丽

编写人员（按姓名汉语拼音排列）

　　　　管伟丽　刘燕霞　罗　文　孙汝洁

　　　　王爱芬　谢　天　许崇岫　张吉升

随着我国经济和科学技术的迅猛发展，服装行业的发展也是飞快迅速，规模越来越大，现在已成为世界上的服装生产、加工和出口大国，凭借雄厚的劳动力资源和强大的产业配套优势，在全球纺织服装行业中具有极强的竞争能力。服装业经过多年的发展，原内向型服装行业已经由劳动密集型向高技术型转变，现代高新技术正在全面介入与改造传统的服装产业，对服装行业的职业岗位结构产生了重大的影响。企业需要大量的懂设计和具有一定审美能力的管理人才和能领会、实施外来订单的要求、解决生产中实际问题的高技能人才。

针对目前的服装发展状况和教育部提出的人才培养模式，我们编写了这本应用性服装教材——服装专题设计。本书第一版自2007年出版以来，多次重印，得到了使用学校的认可和好评。为了更好地服务于广大读者，我们对本书进行了修订再版。本次修订在保持原教材特色的基础上，紧跟服装发展的时尚潮流，删掉了原教材中陈旧的知识，补充了当前服装领域的流行元素。此外，本书吸纳了国内外有益的教育理念和教学方法，结合当前服装行业对高技能人才的需求状况，从服装设计的艺术、实用、商业等不同方面进行综合指导，以现代服装设计理念和生动事例，生动地进行阐述和描绘。注重了服装专业理论的科学性、规范性、系统性；也注重了实践教学的操作性、灵活性、技能性，培养服装专业学生的服装设计思维能力和高素质技能水平。

服装专题设计是服装设计专业的重点课程，它把服装设计的艺术性、科学性、商业性融为一体，根据服装行业和市场的需求，与多门服装专业课程相联系，在服装专业基础课和专业课学习的基础上，进行服装设计要领的具体的、有针对性的系统训练，以期达到服装设计的最终目的。

为充实学习内容和便于学习，开拓学生学习思路和视野，本书在各个章节中，都辅有教学目的和思考练习题，并有各个章节的学时安排，配备了大量的插图。

本书第一章一至五节、第三章由许崇岫编写，第四章由孙汝洁编写，第五章、第六章由张吉升编写，第二章由刘燕霞编写，第一章第六至八节由管伟丽编写，此外，谢天、王爱芬、罗文参加了本书部分内容的编写工作。全书由许崇岫、张吉升统稿。本书由大连大学美术学院副院长、副教授巨德辉主审。同仁和学生为本书提供了许多有价值的图例，在此深表感谢和敬意。

随着社会经济文化的发展，本教材的个别内容和专业信息难免有不妥和局限；本教材的编写难免有欠缺之处，恳请广大师生和读者予以批评指正。

编者
2012年6月

目 录

目　录

目 录

目 录

第一篇
创意类服装设计

第一章 创意类服装设计

学习目标

　　掌握创意类服装的概念、分类、特点和作用；掌握创意类服装获取灵感的途径和创意类服装设计的基本方法；掌握创意类服装的构思过程，培养运用不同材料进行服装的创意设计的能力。

第一节　创意类服装概述

一 创意类服装的概念和作用

1. 创意类服装的概念

创意：是一种突破传统的、以前曾未出现过的、新奇的、独特的创造性的思维意识。是一种新生事物，有新的思维模式和新的方法，以独特新鲜、新奇见长。

创意类服装：创意类服装是设计师通过发挥自己独特的想象力和创造力，设计出体现设计师个人情感，使设计作品有新的创造性意识形态的富有个性化、艺术化的服装形式。主要是指强调个人特殊品位的、强调个性化的、弱化实用功能的、艺术鉴赏性高的、大胆开拓服装元素的、推动服装个性发展的服装。

创意类服装设计：是指设计者根据自己的素养，综合分析思考政治、经济、文化、社会、传统、消费者、人体工程学、技术材料等因素，发挥其独特的思维想象和创造力，设计出具有时尚化、个性化、情感化、艺术化、审美情趣高的服装。创意类服装设计主要是突出作者的设计独创性，设计师会根据每个季节的流行趋势，把自己丰富的想象力、个人情感、审美品位，借助服装为载体，通过充满灵感、充满想象力的创意，将时装加以时尚化、个性化、新颖化，使其达到更新的发展境界（如图1-1-1、图1-1-2所示）。

图1-1-1

图1-1-2

2.创意类服装设计的内容和作用

服装设计的内容从广义上讲包括许多，如社会动态和意向、生活方式和品位、职业特点和功能、性格特征和习惯等。狭义地讲服装设计的内容包括：款式设计、色彩设计、面料设计、服饰品搭配设计等。在这几个方面里，款式是设计的主体，色彩是创造服装设计整体艺术效果的重要条件，面料是服装设计实现的素材和表现形式。

有着丰富的创造力和想象力的创意，运用在服装设计中，可以赋予设计作品以新的艺术、个性、情感、时尚的服装形式。由此满足穿着者对于服装的审美需求，进而满足企业的效益需要，促进服装的消费和市场的繁荣；同时，创意性强、艺术氛围浓的服装，在设计时弱化了服装的实用功能，突出了审美、个性、情感效果，虽然不能穿着，但是，可以充分发挥和展现设计师的创作灵感和想象力，极大地推动服装行业的艺术探讨、扩大服装的发展规模（如图1-1-3、图1-1-4所示）。

▲ 图1-1-3 三宅一生的作品

▲ 图1-1-4 姚峰的作品

在人类历史发展的过程中，服装作为人类生活中不可缺少的组成部分，经过漫长的发展与演变，经历了从原始到现代、从初级到高级的变化。从简单的缠裹护体，到复杂的审美创意，服装体现了当代社会发展的水平和文明水准，同时也体现了个人的精神风貌，服装的创意直接影响着服装发展审美品位的深度和层次，进而影响整个社会服装发展的水平，也推动了社会的进步。

二、创意类服装的特点和分类

1. 创意类服装的特点

创意性服装体现了服装的"创新"特点。具体表现如下。

（1）前瞻特点 服装创意的超前主要是指作者把新奇创新的想法运用到服装上，使服装的作品具有极大的与众不同的感染力，在设计的过程中要求打破常规的创造思维方式，构想的过程中可以进行疯狂的奇思妙想，达到一种常人无法想象的效果。例如沃斯的高贵富丽、夏奈尔的简洁实用、韦斯特伍德的叛逆古怪，在当时作品推出的时候，无不令人惊叹其非凡的创造力。由于消费者和欣赏者的审美品位和艺术素养不同，因此一件服装作品，由于审美者不同，评价的方式、审美的角度、看法、观点和结果是不同的。设计师要具有超前的意识和丰富的想象力和创造力。运用合理的形式去表达作品的内容和形式美，由此提高欣赏者的审美品位和层次（如图1-1-5、图1-1-6所示）。

▲ 图1-1-5 韦斯特伍德的设计作品

▲ 图1-1-6 姚峰的作品

（2）艺术鉴赏特点 设计者运用独特的设计，表现出对现实生活的审美感受和审美理想，在设计中，通过款式、色彩、面料和服饰搭配等要素的组合，形成强烈视觉冲击力和感染力的设计风格，从而打动观众，得到观众的认可和赏识，使人们达到精神的愉悦感，让人通过联想领略设计者所要表达的思想内涵和情感，并且广为传播，产生广泛持久的社会作用（如图1-1-7、图1-1-8所示）。

（3）服装流行的引导特点 设计师通过自己的审美素养和对当前社会文化与动向的理解，创造出具有时代特点和鲜明风格的时装，引导了当前服装文化的潮流和流行趋势，让欣赏者提高自己的审美品位，从而推动服装的发展（如图1-1-9、图1-1-10所示）。

▲　图1-1-7　著名服装设计师姚峰的作品

▲　图1-1-8　纸张创意服装

▲　图1-1-9　迪奥的新外观

▲　图1-1-10　Mugler 品牌在巴黎时装周
上展出作品

2.创意类服装的分类

创意类服装按照其功能的不同可以分为展示型服装和表演类服装。

（1）展示型服装 主要是为了展示设计师的创意性思维水平，从而提高企业知名度或进行学术交流。根据设计的目的分为以下几个方面。

① 比赛类服装。为了进行学术研讨和交流，提高设计师思维和服装设计水平，推出优秀服装设计新人，从而提高人们的审美水准，推动服装行业发展而进行的服装设计大赛。参加大赛可以锻炼加强设计师的心理素质，增强自信力，宣传自己，为以后的设计生涯作好铺垫。

院校学生和行业设计人员，应该踊跃报名参加比赛。参赛的设计者在参赛前，首先要了解比赛的要求、性质。根据参赛要求进行设计构思。了解赛事的服装设计主题和风格，注重时尚性、新颖性、奇特性，找好素材和表现语言，从服装的款式、色彩和面料上进行设计创作，设计出新奇、特别的服装（如图1-1-11、图1-1-12所示）。

▲ 图1-1-11 2012春夏巴黎时装周　　▲ 图1-1-12 Tsumori Chisato 秀场的作品

② 时装发布类服装。服装行业或相关机构为了推出或者宣传自己的品牌、为了订货提高公司效益和实力、为了发布流行趋势引导服装消费而展示的服装。通过时装发布会，在广大消费者中树立良好的形象，巩固自己的品牌地位，因此设计的要求是不以盈利为目的，主要靠作品新颖的个性和奇特的设计特点来打动观众的心，以便给观众留下深刻的印象；通过时装发布会，可以向消费者传递最新的服装流行信息，引导服装的生产和经营，引导消费者消费，从而增进服装行业的发展规模；通过时装发布会，向消费者展示公司的创新水平和设计实力，争取订货对象，扩大销售规模（如图1-1-13、图1-1-14所示）。

 图1-1-13 　　　　　　　　　▲　图1-1-14

（2）表演类服装　表演类服装主要是为表演服务的，是在戏剧、舞蹈、演唱会、杂技等场合表演时所穿的服装。它的功能主要是展现表演者的风采、渲染表演气氛。受舞台场景、表演的性质类别和剧情的影响。要求设计师了解表演的对象和剧情，充分展现舞台效果和气氛，如图1-1-15、图1-1-16所示。

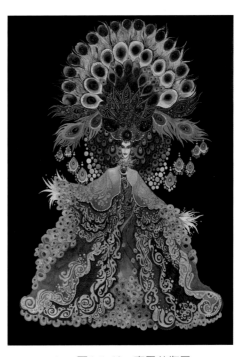

▲　图1-1-15　李雪莹作品　　　　　　　▲　图1-1-16　李雪莹作品

第二节　创意类服装的构思过程

创意类服装的设计构思是设计师根据素材的积累、设计的主题、市场的情况、工艺流程，运用一定的形象思维，对所要设计的服装进行全面的分析和思考，然后加以提炼、推理、形成新的服装形象的创作过程。

根据设计师的创作经验，服装设计构思一般可以分为以下几个阶段。

主题确定阶段

主题是服装设计作品所要表现的中心思想，是作品的灵魂与主导，设计创意类服装，通常要确定服装的主题。确定主题的目的是启发和引导设计师对所要设计的内容进行创意和拓展。选好题材，明确主题，有目的的思考和创作，是设计的关键。

确定主题的第一步首先要进行市场调研，了解国内外的服装流行趋势及其规律，研究新的科技成果、新的文化动态和新的艺术思潮，充分掌握各种信息和素材。素材是服装设计不可缺少的设计元素，是设计构思创作的源泉。主题是服装作品的中心思想。二者相互影响、相互制约。设计的关键就是通过对素材的具体运用，体现主题的意图。

素材准备、整理阶段

设计者在准确解读主题、拓展主题、确定主题后，接下来就要根据主题，有针对性地收集相关的素材：深入生活，了解未来穿衣人的社会经济状况、文化水准、生活方式等，通过采风、考察市场、参加博览会等获得直接信息。参加各地举办的博览会，能收集到许多信息，还可通过电视影像、报刊杂志、网络通讯等获得间接信息，这是搞服装创意的重要手段。从资料中，我们可以了解到参展商展出的商品中所包含的明显的流行趋势，以及参观者特别是服装业内人士参观展览时的反应。因此素材有助于了解时装界的现状。收集素材和信息时，可以采用勾画形象和文字记录相结合的方法，收集、描绘、记录下自己感兴趣的信息。

通过对所搜集的素材进行感受、分析、研究，提出许多联想和设计方案。图1-2-1、图1-2-2为著名时装设计师武学伟、武学凯兄弟的时装作品。

三 灵感闪动阶段

通过对素材的收集、整理、感受和想象找到灵感，初步确定构思目标和方向。这个时期是灵感涌现时期。产生灵感的源泉很多，传统服装、大自然的景物、民族文化、文化艺术、社会变迁、高科技素材等都会产生灵感。要及时地捕捉灵感，并及时记录、及时整理，以便发现对设计有用的灵感来源（如图1-2-3所示）。

图1-2-1

图1-2-2

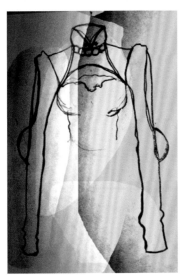

图1-2-3　设计草图

四、创意联想阶段

明确了主题，找到了表现主题的素材，捕捉到了表现主题的灵感，就要进行丰富的联想和创意构思，从优选择最理想的方案，并做具体的细节酝酿，进一步明确设计形象（如图1-2-4所示）。

▲ 图1-2-4 效果图的绘制

五、完成阶段

通过对多种构思方案的审视，推敲自己对构思的感受，反复修改构思设计形式，既要考虑细节构思又要考虑整体形象，从整体的角度考虑服装的款式造型、色彩搭配、面料质感的关系是否和谐，服装的形式是否完美。把握整体关系与具体形象的结合，是否能完整地表达创作意图（如图1-2-5、图1-2-6所示）。

图1-2-5 效果图

▲　图1-2-6　服装完成图

第三节　创意类服装的灵感来源

　　灵感是一种突发性的心理现象，是创造者通过认识和收集素材，受到某种事物的启发和刺激，从而对题材产生感悟，进而思路畅通，思维敏锐，情绪高涨而突发出的创造能力。善于观察、积累现实中的信息与资料，会使我们把想法集中，想象力骤然活跃，出现灵感，产生创造力。通过对不同国家和地区的文化、经济、风俗的了解，可从中汲取灵感、获得灵感。及时记忆捕捉灵感火花，不但要记忆，而且要运用工具记录下来。通过对灵感的捕捉和题材的感悟，找到思维的方向，通过一些联想的思维法则和方式，把收集的各种信息资料进行概括、组合、连接、夸张，发现事物之间彼此的联系和不同，在一连串的想象中，找到自己需要的东西，把不同类别的题材组合成合理的服装形象（如图1-3-1所示）。

▲　图1-3-1　加里亚诺作品

一　灵感来源于传统服装

　　纵观古今中外，服装都有悠久的历史和优秀的传统，无论是中国的还是外国的，宫廷的还是民间的，都给了设计者丰富的灵感源泉。在文化艺术日趋国际化的今天，传统的服装和民间的服饰成为现代服装设计取之不尽用之不竭的灵感源泉，例如中国的旗袍、中国的丝绸、棉麻面料，色彩饱和度高的红色、黑色、绿色、蓝色等都成为服装设计的灵感来源。

　　传统艺术中丰富的历史文化底蕴是现代艺术创作的灵感源泉。具有独创性的设计师往往是在传统文化与现代艺术的交融中，通过自身的认识和理解寻求其特有的艺术语言和表现手法，以寻找出理想的设计灵感。例如日本著名服装设计师三宅一生，通过传统的服装艺术，挖掘灵感，设计出前卫的时尚服装。他设计的服装洋溢着东方传统文化的魅力（如图1-3-2所示）。

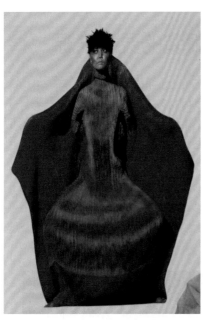
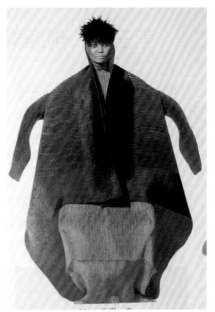

▲　图1-3-2　三宅一生作品

二　灵感来源于大自然

　　大自然赋予人类丰富的资源，大千世界的万事万物，不管是浩瀚宇宙、微观原子、蓝天白云、山川河流、花草树木、城市建筑、汽车工具、电气产品、日用产品都为服装设计提供了丰富的灵感和素材，从古至今就是服装设计的重要灵感来源之一。从古到今，无论是西方还是东方，无论是宫廷服装还是民间服饰，无论是古典服饰还是现代时装，都广泛应用自然素材作为设计的源泉。

　　当今由于受国际化的影响，回归自然成为服装设计的思潮，近年来，污染使自然生态环境遭到了极大的破坏，为了保护大自然，人们的环保意识越来越强。同样体现在服装上，许多设计师抓住这一亮点，以自然为题材设计出无数的服装。因此，设计者在大自然的造型、色彩、材料中广泛地获取灵感成为一种时尚和热点（如图1-3-3、图1-3-4所示）。

▲　图1-3-3　选取体现自然景物图案的面料设计的服装作品（Versace_英国米兰时装秀，2012春夏）

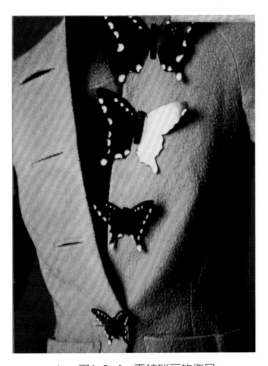

▲　图1-3-4　夏帕瑞丽的作品

三、灵感来源于民族文化

　　由于不同的地理环境、不同民族的风俗习惯、不同的政治经济、审美情感，形成了不同的民族文化。艺术的形式美感和永恒的魅力影响着现代艺术，在优秀的民族民间艺术中可以发现创意性服装设计的灵感。例如非洲文化、俄罗斯文化、西班牙文化、印第安文化等。在民族文化、民族图腾中，我们可以从缠裹的造型设计、强烈的色彩配置、独特的天然纤维织物以及夸张的图案、粗犷豪放的装饰中，充分挖掘现代创作灵感。

　　丰富多彩的民族服装为现代服装设计提供了广阔的创作空间，日本的和服、印度的纱丽、中国的旗袍、中式服装、贵州苗族的服装、西藏的藏族服装以及其他少数民族的服装，可以从中得到启发，捕捉灵感；蜡染、扎染、刺绣、抽纱等传统的技艺，有着很高的艺术价值和审美水平。通过挖掘传统技艺的内涵，探索服装设计的真谛，充分地把民族工艺和现代服装设计元素和理念结合起来（如图1-3-5～图1-3-8所示）。

▲　图1-3-5　2012年A.F. Vandevorst品牌在巴黎时装周上展出作品
[灵感来自于设计师费利浦·阿瑞克斯（Filip Arickx）和安·凡德沃斯特（An Vandevorst）夫妇远赴非洲肯尼亚的旅行]

▲ 图1-3-6 2012 ~ 2013秋冬纽约时装周系列 Hervé Léger by Max Azr

▲ 图1-3-7 Versace_英国米兰时装秀，2012春夏作品

▲　图1-3-8　高田贤三（Kenzo）的作品

四、灵感来源于文化艺术

　　服装是一种艺术形式，自古以来，服装都与文化艺术有着很深的联系。东西方文化的交融和渗透，无疑会使设计者可以从中获得启示和借鉴。社会的诸多文化形式，如建筑、绘画、雕塑、戏剧、电影、舞蹈等，服装与文学、美术、音乐、舞蹈、影视等有着紧密的联系，这些艺术素材，为服装的发展带来丰富的创意思路和灵感，共同反映了社会的发展和文明。设计者在进行设计时，可以畅游于艺术的海洋里，通过文学作品的启示，发挥想象。文学作品中有许多描绘服装的文字，通过这些文字的描述使我们能够联想到服装的美感，由此产生灵感；绘画是记录服装的最好方法，通过对过去的绘画的欣赏和观察，可以了解过去某个时期的服装款式造型、色彩面料搭配，例如唐代服装的华丽、宋代服饰的玲珑、近代旗袍的婀娜，无不体现出时代的特点，是现代服装灵感的最好显现。艺术对服装的影响很大，通过对艺术的欣赏与鉴别，可以找到灵感和启示，例如受哥特式建筑艺术的影响，在同时期的高顶帽和尖跟鞋上反映出来。

　　法国宫廷画家华托（Jean Antoine Watteau, 1684～1721）的作品，给了当时设计师很好的灵感，诞生了著名的华托服，荷兰抽象派画家蒙德里安（Piet Mondrian,1872～1944）的冷抽象画，使法国设计大师伊夫·圣·洛朗得到灵感，创作出了著名的"蒙德里安样式"。舞蹈是反映社会生活表现艺术美感的一种艺术，舞蹈的各个优美的动作和舞蹈服装，可以从中受到启示，例如孔雀舞、扭秧歌、狮子舞等各个民族的舞蹈。20世纪初期，俄罗斯的芭蕾舞剧团在法国巴黎上演舞剧。当时的法国时装设计师波尔·波阿莱（Paul

Poiret,1878 ～ 1944）从舞蹈中的色彩绚丽，轻薄透露的服饰、健美的舞蹈动作、充满东方风情的情调和音乐上面得到灵感，结合阿拉伯和中国等东方国家的艺术特点，推出了具有东方风格和那个时代标志之一的"蹒跚女裙"服装。在超现实主义的影响下，达达主义艺术流派成员在早期的实践探索中，把艺术和时装结合起来。如埃尔莎·夏帕瑞丽（Elsa Schiaparelli）受到艺术的影响启发，用艺术手法设计面料和时装，她的特色鲜明的色彩"惊人的粉红色"就受到艺术家克里斯汀·贝拉尔德（Christian Berard）的影响。

　　法国著名服装设计师约翰·加利亚诺（John Galliano），从英式古板和世纪末浪漫的歌剧特点、野性十足的重金属及皮件中充斥的朋克霸气、后现代主义风格的激情中寻求灵感设计，设计出有血有肉的彰显灵魂的驿动的装束（如图1-3-9所示）。

▲　图1-3-9　加里亚诺及其作品

五　灵感来源于社会变迁

　　服装的发展与时代的进步关系密切。服装体现了社会变迁与发展的过程，是社会变迁的真实记录，它反映了一定时期内社会的文化动态，每个历史时期、每次的社会变革，都会给人留下深刻的印象，服装的发展充分反映出时代的社会文化特征，每次变革产生的社会新动向、新思潮，都会影响着服装的发展，为服装设计师提供创作的灵感和源泉。

　　西方20世纪60年代著名的"年轻风暴"、反战反现行体制思潮的朋克和嬉皮士运动，改变了人们的世界观和审美意识，使人们的世界观、人生观、价值观发生了很大变化。服装设计受到了巨大影响，发生了天翻地覆的变化，一改过去高级时装模式，进入了具有划时代意义的"迷你时代"。英国设计师玛丽·奎恩特的超短裙，改变了20世纪服装流行的方式，打破了传统服装流行的精神，体现了20世纪60年代的时代精神，使迷你裙盈满60年代。被誉为朋克之母的设计师维维安·韦斯特伍德，受青年风暴的影响，嬉皮士和朋克运动的启迪，设计出个性前卫的服装样式：内衣外穿、迷你裙、毛边布料等，无不渗透着社会变迁的影子（如图1-3-10所示）。

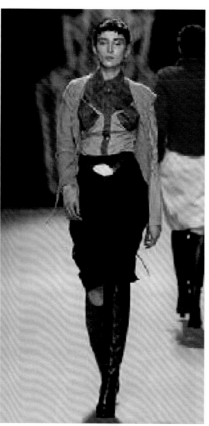

▲　图1-3-10　韦斯特伍德作品

六　灵感来源于高科技素材

　　科学技术的发展，推动着社会的进步，改变着人们的思想和生活，推动了服装的发展。层出不穷的高科技、信息交流、宇宙探索、基因等促进了服装的新材料、新形式、新风格的发展，给服装设计以无穷的发展空间。给了设计者全新的创意理念，许多设计师例如法国著名的服装设计师皮尔·卡丹设计的服装"航天风格""宇宙风格"就是以航天科技为灵感设计的；日本著名设计师小筱顺子（Junko Koshino）利用银色发光的胶质面料，设计出具有金属感的充满宇宙太空神秘感觉的服装。随着科技的发展，服装的发展也越来越和其结合在一起了，纳米技术等信息科技的产生，使纺织行业的发展日新月异，各种新材料应运而生，环保纤维、防紫外线面料、绿色生态棉等新产品，为设计师的创意带来了广阔的思维空间和灵感来源。服装企业的一些生产厂家，已经把纳米技术开始应用于各种纺织面料中，由于纳米可以防止紫外线、防止辐射，同时具有透气、轻薄、健康环保的特点，因此顺应了当前现代文明的发展潮流，深受消费者欢迎，与当前的环保意识、健康发展的消费意识达成共识。有些生产厂家将纳米技术运用到面料生产中，生产出了具有环保性能的服装（如图1-3-11所示）。

▲　图1-3-11

第四节　创意类服装的构思方法

一　主题构思法

　　主题是服装设计的中心思想，是作品的灵魂，通过进行市场调研，掌握各种信息和素材，了解国内外的服装流行趋势及其规律，对所要设计的内容进行创意和拓展，进行服装的造型、色彩和面料的构思，从而完美地表现主题。通过有目的的思考和创作，把主题的内涵与当今流行趋势结合起来，运用服装的款式、面料、色彩和服饰搭配等表现形式，把主题的意义表达得淋漓尽致。

二　形象构思法

　　形象构思法是模拟大自然或生活中的某件事物，通过丰富的联想和创意，产生新的艺术形式的构思方法。大自然的动物、植物、风景、人物等形象是形象构思的很好的素材，通过对其形态最有特征、最有情趣的把握，概括提炼其服装特点的最突出部分，运用一定的打散、变形、夸张手法，创意出独特的服装形象。例如燕尾服、孔雀裙、鱼尾裙、羊腿袖、蝙蝠袖、鸭舌帽等。

三、联想构思法

联想是拓展形象思维的好方法。是由一种事物想象到另一种事物的构思方法。联想可以使人的思维开阔、敏锐、想象丰富，通过自然界中的动物、植物、风景、人物、建筑等联想创造，激发设计感受，产生服装的艺术形象。联想的方法有以下几种。

（1）接近联想　由一种事物在性质、空间和时间上的特征，而想象到与它在性质、时间、空间上相近的另一种事物。

（2）对比联想　由一种事物而想到与之在性质、时间、空间等方面相反的另一种事物。例如：高——矮、沙漠——海洋等。

（3）因果联想　由一种事物的结果而想到其发生的原因，或者由事物的原因而联想到其可能发生的结果。

四、分解重构法

分解重构法就是将原来的事物分解破坏后，重新组合成新的东西，获取新的特征形象。也可称为打散构成法。经过分解重构获得的新事物，既有原来事物的影子又有不同的新变化的特征。通过对面料的分解可以制作出区别于原来面料风格的新的服装样式；通过色彩的结构重组，会产生不同效果的服装的视觉感染力。服装造型的分解重构，可以创造出造型虚实变化各异的新的造型形态。

五、组合构思法

组合构思法是将多个事物形态或者某件事物的各个部分，通过一定的形式美规律组合在一起，形成新的事物形象。例如通过金属、塑料等各种材料的组合，产生新的服装形象；通过不同色彩的组合搭配，表现出不同的服装创意；内衣外穿、女装男性化、男装女性化、服装结构的倒置组合，会产生意想不到的效果；通过一定的装饰手法，组合产生新的服装造型，产生理想的服装效果。如百褶裙、编结服装等。

六、以点带面法

由一个点、局部而想到一个面或一个整体，扩大思维和想象范围，最后完成新的整体的艺术形象。例如通过一件服装的一个局部、一块服装面料、一种色彩、一种服饰配件产生联想，根据选择对象的风格特征，进行顺应性设计，酝酿出新的服装艺术形象。

第五节　创意类服装的色彩设计

据统计，当人们走进一个商场，其中70%的因素是缘于物品色彩的吸引。且不论这个统计数据是否精确，但至少有一点我们可以坚信，色彩是一套服装中最引人注目，冲击力最强的表现形式。服装色彩的运用和搭配，是服装设计成功与否的关键，服装色彩在服装设计中起到至关重要的作用。

创意服装与实用服装不同，他要求更多的是服装能给人带来一种全新的、不一样的、令人兴奋的、冲击力更强的整体感受。设计师在设计时更要解放思想，大胆联想。但这种创意并不是毫无顾忌的杂乱无章的罗列，我们要充分考虑到服装款式、色彩、面料三者的关系，将三者完全融合、相得益彰。应该考虑整体统一的效果，如服装和饰品、鞋帽、围巾、包、化妆等的整体感觉。服装配色是设计中一个重要的环节，良好的色彩搭配能丰富简单的款式，彰显设计者良好的设计风范。

一　创意类服装的配色

1.同类色搭配

同类色相配：指深浅、明暗不同的两种同一类颜色相配，比如青配天蓝，墨绿配浅绿，咖啡配米色，深红配浅红等，同类色配合的服装显得柔和文雅。同类色搭配是服装设计常用的表现方法，是一种比较保险的配色方法。在色彩运用中是最简单、易学的用色方法，整体色调容易统一。特别是在绘制服装画时，对于色彩操控能力不强的人来说，这种画法可以很好的掩饰自己调色方面的缺点。但是这种方法如果色彩与款式的关系处理不好的话，很容易使整个画面显得呆板、平面、没有设计点。为了增强服装的视觉冲击力，可以通过以下几种方法解决。

① 款式设计新颖，有创意。

② 用面料的再造方法创意面料，使服装表面丰富多彩，达到创意效果，增加视觉冲击力。

③ 同类色搭配无彩色（即黑白灰），形成色彩的节奏变化，节奏感的色彩搭配使简单的服装增添了韵味，如图1-5-1所示。

2.临近色搭配

指两个比较接近的颜色相配，如：红色与橙红或紫红相配，黄色与草绿色或橙黄色相配等。近似色的配合效果也比较柔和。临近色搭配时比较保险的方法是使色彩冷冷搭配，暖暖搭配。如天蓝配中黄或柠檬黄、大红配中黄或橘黄。深蓝配深红或紫罗兰。这种方法能方便地营造画面色彩的协调感。也可冷暖搭配，但要注意协调好色彩的冷暖调和关系，如图

1-5-2所示。运用蓝色和黄色，颜色差异小，运用夸张的造型表现夸张的款式设计达到冲击的视觉效果。款式简单大方富有张力。

▲ 图1-5-1

▲ 图1-5-2

3. 强烈色搭配

指两个相隔较远的颜色相配，如黄色与紫色，红色与青绿色，这种配色比较强烈。颜色可以冷色搭配、暖色搭配。冷暖搭配的配色效果强烈，给人新鲜感。如红与白、红与黑、浅黄与紫色等，有雍容华贵之感。但由于对比比较强烈，要注意把握好颜色之间的相互协调。如我们可以通过以下方法来协调色彩的冷暖调和关系。

①暖色给人膨胀和前进感、冷色给人收缩和后退感，为了降低冷暖色的对比效果，我们可以合理地运用面积大小的不同进行组合搭配，使色彩的冲击力达到平衡。

②通过降低或提高其中一种颜色的明度或纯度，来减弱对比度，使画面达到和谐统一。

③同时提高明度或降低纯度，使颜色对比较弱，容易统一。但有时会显得呆板，这时我们也可小面积搭配纯度较高的其中一种颜色或搭配无彩色，使画面活泼跳跃起来。

④运用搭配无彩色的方法来缓冲两种颜色的对比度，如可以搭配黑、白、灰设计成条纹间隔的面料，丰富了设计层次，降低了对比度。

4. 补色搭配

指两个相对的颜色的配合，如红与绿，青与橙，黑与白等，补色相配能形成鲜明的对比，处理恰当，会给人冲击力很强的视觉效果。对于补色的调和处理，可以有以下几种方法。

①同时提高色彩的明度，补色同时加入部分白色，两种对比强烈的颜色变得柔和起来。再通过色块的面积对比，形成以一种颜色为主，另外的颜色为辅的层次感。使画面轻柔和谐又活泼跳跃。特别适合应用于童装设计中。

②同时降低色彩的明度或纯度，如同是加入少量黑色，两种对比强烈的色彩会变得协调稳重和谐起来。再注意把握颜色的主次、面积的对比，就能使服装颜色搭配协调漂亮。

③在两种对比强烈的补色之间加入无彩色间隔设计，就能降低颜色的对比度，使服装达到和谐统一又活泼跳跃的效果。常用于休闲装和童装中。图1-5-3，是补色设计，红绿色中间充分运用了黑白色作间隔，降低了颜色之间的对比效果，使画面达到和谐统一。

▶
图1-5-3

二 流行色的运用

1. 流行色的概念

中国流行色协会副会长徐志瑞先生曾说过，流行色是一种最具燃情之火的产品营销语言，是视觉促销战略的关键因素。可见，预测流行色的发展趋势，及时掌握最新信息，以适应市场变化的需求进行设计，是企业长远发展的可靠途径。是否能预测和把握流行也是衡量一个成功的服装设计师最重要的标准。

一般来说，流行色是指在一定的时间范围内，流行于某些地区或某些国家，为消费者普遍欢迎的几种或几组色彩和色调，成为当时的主销色。流行色代表的是一种趋势和走向，其特点是流行快而周期短，是一种与时俱变的颜色。常常周期性演变，今年的流行色明年可能不再是流行色，但有可能过几年后又重新流行起来。流行色是相对常用色而言的，常用色有时上升为流行色，流行色用的人多了就变成了常用色。久了人们自然就会腻烦，自然也就不再流行。同时，服装的款式也是与色彩流行相吻合而同步流行的，例如：2012/2013年春夏女装色彩与款式流行趋势（如图1-5-4所示）。

最新流行色

极光黄

Emilio Pucci

Diane von Furstenberg

Jenni Kayne

Lanvin

2012年的resort系列中，艳色依然是流行的关键，明亮的极光黄取代本季的橙色成为配色的主调。而临界于本季流行的草绿与荧光黄之间的苹果绿合成为新的流行色。橙红、桃粉、裸色依旧会是流行点。

苹果绿

Rochas

Emilio Pucci

Yigal Azrouël

橙红

Bottega Veneta

Diane von Furstenberg

Tibi

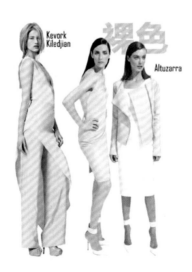

裸色

Kevork Kiledjian

Altuzarra

艳粉

Céline

McQ

Michael Kors

▲ 图1-5-4

25

即将成为流行点的六大时尚元素

早春度假系列，是前一季的延续也是下一季的预示。让我们一起来看看哪些流行点将成为2012上半年的潮时髦！

潜水衣一样的时装

2012早春度假系列中以潜水衣的原型的时装成为一大流行趋势。Alexander Wang、Hervé Léger by Max Azria、Michael Kors、Derek Lam、McQ都使用了这种紧身衣+荧光拼色+拉链元素的造型。

穿上男孩们的运动装

当2011秋冬时装周上Givenchy把目光瞄到街头少年时，就预示着一种新潮流的诞生。2012早春度假系列中"运动男孩"造型持续走高，棒球夹克+遮光帽的棒球假小子成了流行点，Givenchy甚至用篮球衫来搭配诸如高级定制的薄纱刺绣裙。

Loius Vuitton

Derek Lam
McQ
Alexander Wang
Michael Kors

Balenciaga
Givenchy
Richard Nicoll

激光切割的蕾丝

蕾丝依然是这一季的主打，不过此蕾丝非彼蕾丝，它不是老祖母那种繁复的刺绣品，而是用激光在布料上切割的镂空图案。

Emilio Pucci
Chloë Sevigny for Opening Ceremony

衣服上的花园

当迷幻的数码印花热过几季之后，是时候回归了。2012早春度假季的时装中，那种复古的、具象的花朵水果重新被设计师搬到了时装上，花朵不是作为一种点缀而是大规模的堆积，似乎想要这样一种效果：如果不能拥有一座玫瑰园，就把一座花园穿在身上！

Stella McCartney
Céline

把西装穿出爷们的气场

中性风格这一不变的趋势继续在2012早春度假系列中呈现。在那些利落的女装西服look中，你能感觉到一种"爷们的灵魂"，雌雄同体的错觉是这个时代最飒爽的潮流。特别是Stella McCartney的那些黑白灰与千鸟格纹组合的西装造型，带有强烈中性化的剪裁，彰显女性的硬朗气质。当然这种look也不拒绝艳色，恰到好处的纯色能给这种造型带入春夏的气质。

Stella McCartney
Tibi

海魂衫的变奏

海魂衫作为航海风的一部分，是resort系列的核心以及必不可少的组成部分。2012早春度假系列中，它不再是单一蓝白条纹TEE，它幻化为裙装，阔条纹印花、甚至变成红色……但它依然让你辨识出那种属于水手服的海洋情怀。

Douglas Hannant
Yigal Azrouël

▲ 图1-5-4 2012/2013年春夏女装色彩与款式流行趋势

2.流行色在创意装中的运用

无论是一套时装，一件商品，让人先入为主的首先是色彩，其次才是款式和用料。色彩在人们的视觉中起着先声夺人的作用，正因为色彩如此重要，流行色便越来越成为设计师欲加把握、利用的一种重要工具。经验丰富的设计师，往往能借色彩的运用，勾起一般人心理上的联想，从而达到渲染的目的。但流行色的应用不是盲目的，必须与服装的穿着场合、款式特点结合起来，并要尊重人们已经形成的色彩习惯。

（1）把握色彩的情调　在长期的自然社会生活中，人们往往将自己对自然、社会、环境的感受反映在色彩方面，即表现为一种与人们心理相应的色彩情调。如曾经流行的军装色、原野色、沙滩色、田园色都是象征着某种情调或风格。如果你仔细观察，就不难发现，每年发布的流行色卡总是以一组或两组色彩的形式出现。而这些色彩总是表现着某种情调。在创意装设计时，我们不能盲目的运用流行色，而要根据整体服装的风格特色，确定色彩的情调定位。

流行军装色一般是有迷彩、橄榄绿、军绿、古铜色等颜色组合而成的色调倾向。在具体运用时，不需要将全部的色彩运用上去，可选择一两种色为主色，配以其他色彩进行组合。但若全身都穿这个色调，太显"武气"，如果上身穿浅米色或沙滩色，下身配军色，比较讨巧。使整体的情调与气氛更加含蓄。

（2）注意季节变化　流行色是随着时间的推移而盛行、变换的色彩，春夏与秋冬的流行色所显示的气氛和情调是大不相同的。所以流行色应与季节的变化相协调，给人们带来舒适、愉快的感受。

一般说春夏季的配色与秋冬季的配色有所区别，春夏季常用一些对比鲜明、活泼、鲜艳的色彩组合，而秋冬季节多采用平稳、沉着、含蓄的色彩组合。春夏季火热动感的绿色和鲜艳跳动的紫色，随着季节的推移渐渐转为一种比较清淡温和的色彩。军装色也由从前的迷彩、橄榄绿、军绿转变为深绯、土黄色和咖啡色等不太亮丽的颜色。但近几年冬季也常流行明朗的浅色调，但鲜艳用色范围远不及春夏。

（3）具体的环境要求不同的色彩情调　例如宴会服装、晚礼服对服装情调的要求是体现华丽的、高贵的气质。常应用华丽的色彩。海滩服、旅游服要求具有活泼、热情、跳跃的整体感觉。工作服则要求以功能性设计为主，落落大方。家居服要求舒适、柔和为主。如果把沙滩装的颜色应用到睡衣上，就会显得很不协调。当然，具体的环境要求不同的色彩情调，也不是千篇一律的，而是根据具体情况来表现的。

（4）不同类型的人对于服色的需求不同　色彩感觉是因人而异的，不同国家和不同地区的人由于所处的社会环境、传统习惯、政治、经济等的差异，色彩感觉也是不同的。西方人偏爱朝气勃勃、对比强烈、活泼休闲的色调。而东方人则喜欢柔和、淡雅、统一的色彩。在西方，白色象征着纯洁，而直到今天在我国一些较落后的地区，白色依然是婚礼服中最忌讳的颜色。

三、创意类服装的色彩构思原理

1. 用形式美法则指导服装配色

（1）比例　用不同的色彩组合服装，各种色彩的分量比应给人以美感，色彩可以是集中的色块，也可以是分散的排列，但色彩总和一定要达到合适的比例（如图1-5-5所示）。

▲　图1-5-5

（2）平衡　视知觉中的平衡指的是一种心理体验，指色彩诸要素在知觉中达到了一种力的安定状态，即在视觉心理上获得一种安全感，即使物理量不一定是平衡的。在色彩的运用时，配合着款式造型，使服装上达到视觉平衡，这种平衡可以是对称的，也可以是非对称的。把不同的色彩组合在一起，高明度色、冷色显得较轻，位置宜向上。暖色、暗色显得较重，位置宜向下。当款式成对称形式时，同时运用色彩的不对称组合结合款式造型，使整体服装达到均衡，可以使服装变得活泼一些。另一方面，服装的外形成不对称形式时，应利用色彩、图案的大小和位置来调节，使整体呈现优雅平衡的美感。

任何一个色彩都会在观者的心里产生相应的重力感，那么影响色彩平衡的要素是什么？

色彩的位置影响重力：色块位于构图的平衡中心或中心线上重力就小些，远离则重力大，位于上方大于下方，位于右方比左方重力大。

色彩的三要素及面积对平衡的影响：面积越大重力越大，纯色比浊色重力大，明色比暗色重力大。

色彩的形状和方向也影响重力：有规则的形状比不规则的形状重力大（如图1-5-6所示）。

▲ 图1-5-6

（3）呼应　在款式设计上，我们经常运用这种手法使服装款式前后呼应，达到造型上的统一，举一个最简单的例子，通常圆角造型的领子配合圆角的下摆，就是呼应手法的运用。在色彩组合服装时，可以让一种色彩再次出现或不断出现，达到呼应的视觉效果。如选用花布做主体色调时，可选用花布中的其中一色的面料与之相配，得到很好的呼应统一的效果。为配色统一而反复使用同一色彩，可使整体配色呼应，效果丰富，还能创造节奏感，如图1-5-7所示。

▲ 图1-5-7

使用原则：如果想加强主色的统合力量，应以主色为重复色；如想增加活跃气氛可选鲜明醒目的副色做重复色；多色调和中，应以一色为重复色；重复使用的色块应保持较大的面积差，维持主色的优势。

（4）节奏　由于相同的点、线、面、色彩、图案等形式因面积大小等因素不同，产生了色彩有序或无序的节奏变化。能使简单的服装增添韵味。给人以活泼、变化的视觉美感。色彩的节奏通过色彩有规律的重复、渐变而得到。

渐变的节奏：将色彩的要素按照一定的秩序进行递增或递减的变化，由于每级间有明显的继承性，使画面具有连续性，对视觉给予引导引起视线流动，产生动感。

重复节奏：同一要素的连续或几个要素的交替反复产生重复的节奏。

动感节奏：多元化、自由的节奏形式（如图1-5-8所示）。

▲　图1-5-8

（5）分隔　在两色之间嵌入不同质的色，使其分离。分隔色的使用位置，面料中分隔色用于图案的勾边、撒底色，传统民族服饰中用作贴补、刺绣、滚边，以灵活的块面穿插于主色间，局部的饰品和配件也起间隔色作用（如图1-5-9所示）。

分隔色的使用原则：配色多样对比较强时，为强化统一感，以无彩色、金属色或低彩色作分隔色；配色复杂对比很弱时，应加强对比，使用对比强烈的分隔色；从整体中选择一色作为分隔色，有利于整体协调；分隔色的表现特征：黑白灰最常用，易取得好效果，金银可增加配色华丽效果，但有时易俗气，彩色分隔效果丰富，但要结合整体意象选色。

（6）主次　款式、色彩、材料、图案是构成服装外观美的要素。把握好服装中的主次关系，就是把握好这四者的主次关系，如：以款式设计为主时，色彩和材料就应单纯一些。如：用款式变化丰富的晚礼服，通常用单色的华丽面料，如果这时用的面料太花哨，就会给人一种繁琐和乱的感觉。如果以面料设计为主，同样在款式变化上也要单纯一些。如选用一款花色面料设计服装，款式就不宜太复杂，否则就会破坏面料花型的自然美感，且款式变化也会因为颜色的复杂而让人感觉多此一举（如图1-5-10所示）。

▲ 图1-5-9

▲ 图1-5-10

（7）多样统一 多样统一指的是上述法则的综合运用。在统一中求变化，变化中要保持统一。一块面料不经过成功的设计是体现不出它的美感的，只有将款式、色彩、材质有机地结合起来，并穿到合适的人身上，加上相应的配饰，才能给人一种整体的美感。在设计服装时，我们要有变化、有创新，同时也要兼顾包括着装人的气质、肤色、年龄等各个方面的整体统一，在变化中求统一，在统一中求变化。

2. 服装色彩与整体风格和周围环境相协调

服装色彩与服装的风格相协调，优雅的粉色、活泼的亮色很适合设计在童装上；热情、跳跃的高纯度色搭配无彩色适合表现运动感较强的服装。

服装色彩与周围环境相协调，如学校、医院等部门的制服因为特定环境的需要，颜色设计趋向低纯度、冷色调。而环卫工人的服装为了安全的需要一般选用纯度最高的橘红、橘黄色。而在某些环境中，我们也要考虑环境色与服装颜色的相互衬托作用。如设计沙滩装时，颜色应与沙滩色相互衬托，如果选用低纯度色，在黄色的沙滩中会让人感觉没有活力，没有生气。而选用高纯度色进行设计，在蓝天白云的映衬下，会让人眼前一亮，心情也为之振奋（如图1-5-11所示）。

▲ 图1-5-11

四 服装配色美的规律

① 单纯而不单调：色彩少而精，选用最有代表意象的色，省略无关紧要的色；利用材料质感的多变造成丰富性；运用重复用色来避免简单；利用色面积来加强对比。

② 多样而能统一：色彩要素多样化而同时具备调和感，多样化是三属性方面的变化；有对比又要有统一，一些要素变化另一些要素就要保持统一；色环中由一个规则几何形所连接的色彩都是调和的，自由转动几何形可以找到无数调和色组。

③ 降低主色或副色一方的纯度或同时降低各方纯度，用统调的方法进行明度统调、面积统调、多色相适用于简洁和单纯的款式。

第六节 创意类服装款式设计

构成服装款式的因素包括服装的廓型、比例、内部结构设计和装饰等。而廓型的变化是服装款式设计中最引人注目的部分。服装的款式设计一般从服装的外形入手。

一 廓型设计

一般我们把正面观察的穿衣人的外轮廓作为研究服装的外形。一般用字母表示有以下六种形态。

（1）H型 也称长方形廓型，较强调肩部造型，自上而下不收紧腰部，筒形下摆。使人有修长、简约的感觉，具有严谨、庄重的男性化风格特征。上衣和大衣以不收腰、窄下摆为基本特征。衣身呈直筒状；裙子和裤子也以上下等宽的直筒状为特征（如图1-6-1所示）。

▲ 图1-6-1

（2）A型 从上至下像梯形式逐渐展开的外形。给人可爱、活泼而浪漫的感觉。上衣和大衣以不收腰、宽下摆，或收腰、宽下摆为基本特征。上衣一般肩部较窄或裸肩，衣摆宽松肥大，裙子和裤子均以紧腰阔摆为特征（如图1-6-2所示）。

（3）V型 强调上身肩部的造型，下身较窄长、贴身，非常典雅、时尚。此类服装比较适合上半身消瘦单薄的少女，具有帅气挺拔的阳刚之美。腿形粗短的少女不宜选择（如图1-6-3所示）。

（4）T型 上衣、大衣、连衣裙等以夸张肩部、收缩下摆为主要特征（如图1-6-4所示）。

▲　图1-6-2

▲　图1-6-3

▲　图1-6-4

（5）X型　X型是衬托女性纤细腰肢的成功造型，外形夸张肩部、收细腰部、下摆炸开。适宜在各类晚会和生日等场合穿着。柔美典雅的中世纪欧洲宫廷服装就是X型礼服（如图1-6-5所示）。

（6）S型　S造型又叫苗条线型，其特征是贴合身体曲线，能充分表现出女性婀娜多姿的美态，如中国的旗袍就是极其典型的苗条线型服装（如图1-6-6所示）。

▲ 图1-6-5   ▲ 图1-6-6

（7）O型　O型又叫宽松线型，上下口线收紧的椭圆，整体造型较为丰满，呈现出圆润的"O"形观感，可以掩饰身体的缺陷，充满幽默而时髦的气息（如图1-6-7所示）。

▲ 图1-6-7

二　内部造型设计

　　服装的外形确定之后，内部的造型设计也很重要，我们经常运用点、线、面的设计方法丰富内部款式。

　　（1）点　点在造型艺术中，是最小的视觉要素。但它的作用不可忽视。在服装中，一粒纽扣、一个胸花、一个口袋、一个小面积的单独纹样，都是构成点的要素，往往这些设计独特的点成了视觉的焦点。当在一套时装中出现了两个或两个以上的点时，就可以引导视线流动，就出现了线，如图1-6-8所示。

▲　图1-6-8

　　（2）线　点是静止的、安定的，线是流动的、活跃的。直线具有挺拔、向上的视觉作用。斜线具有动感、活泼、跳跃的视觉作用。曲线给人一种委婉的、流动的感觉。如：委婉的花边、跃动的腰带、细长的明辑线、流动的不对称的衣摆设计等都是线的设计。线的构成形式多种多样。点可以构成线，线通过不同摆放方式，也可以构成点（如图1-6-9所示）。

　　（3）面　服装上的面往往占有很大的面积，通常与服装的廓形结合在一起。服装中可以有一个面、也可以有多个面，是造型艺术中最大、最显眼的视觉要素，就像一幅画的漂亮背景，没有它，主体的美是体现不出的。多个点摆放在一起就构成了面。在运用面的对比设计服装时，要注意形式美法则"比例""均衡"的运用（如图1-6-10所示）。

　　（4）点线面的关系　有人说：时装设计就是点线面间的拼凑游戏，点线面之间可以自由转换，多个点可以构成线，多个线可以构成面，面积较小的面可能又是点。在服装设计时，通常将三者结合起来表现服装的款式美。当然，在设计时，要注意把握三者的比例协调关系。

▲ 图1-6-9

▲ 图1-6-10

 三 局部造型设计

　　服装是由每一个局部构成的，每一个局部设计都应该与整体相呼应，关系到整体服装的效果。因此，学习服装设计，有必要了解局部设计的要点。

1.衣领造型表现

　　俗话说："提纲挈领"，领是服装的视觉中心。领型是最接近脸部的造型，是整个服装设计的关键。领型的分类主要有：立领、翻驳领、翻领、无领等。

　　立领给人以端庄、典雅、精神、向上的感觉。在现代服装设计中，立领已经打破了传统中式服装的模式，应用范围越来越广。不断出现很多新颖、流行的造型。

　　翻领出现在衬衣、夹克里面的较多。可以有底座或无底座。

　　翻驳领是传统西服、大衣里面的最常见领形。如西服领、青果领等。给人以大方、庄重的感觉。近些年翻驳领上也出现了很多时尚的流行元素，产生出很多丰富的变化。

　　无领领型给人一种简单、大方的感觉，常用于春夏季T恤设计中。配合着其他局部的设计，无领也经常在礼服设计中出现，给人一种妩媚、性感的美感（如图1-6-11所示）。

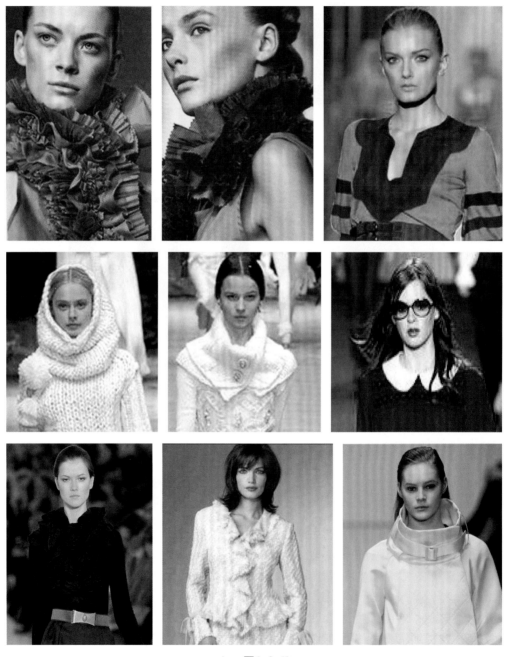

▲　图1-6-11

2.袖造型表现

袖型的设计丰富多彩，袖的设计关系到服装整体的造型风格。从袖的结构上可分为：装袖、连袖、肩袖（如图1-6-12所示）。

▲　图1-6-12

（1）装袖　就是按人体的结构造型分割衣袖，将袖子沿袖山弧线装缝与衣身的袖型，大部分袖型都是这种，如普通的西服袖。装袖里面也有很多造型。宽松的、紧身的、有袖头的、无袖头的、泡泡袖等。

（2）连袖　插肩袖的袖子与衣身相连。如：中式袖、和服袖、蝙蝠袖。一般与宽松的衣身造型配合设计，据有舒适、方便、宽松的特点。

（3）肩袖　袖子与肩部相连、肩袖又分为插肩袖、半插肩袖。这种袖型与装袖相比，比较宽松。所以一般应用到松身型的服装设计中，如：宽松的休闲大衣、外套。

3.口袋造型表现

口袋的设计种类很多，是服装上的主要配件之一。除了具有实用功能外，装饰效果也是设计的重点。口袋按造型大体可分为贴袋、挖袋（如图1-6-13所示）。

▲　图1-6-13

（1）贴袋　贴袋制作方便，造型多样，很有装饰效果。贴袋被频频设计在休闲装中。

（2）挖袋　挖袋的制作较繁琐，挖袋的设计具有隐藏性，在一些正式、简洁、庄重的服装中出现较多。

4.门襟造型表现

门襟通常与领部相连，对上衣有明显的分割作用。门襟的设计直接关系到服装的外形，有正开、偏开之分，正开门襟使服装呈现对称风格。偏开门襟使服装呈现不对称的风格（如图1-6-14所示）。

▲ 图1-6-14

第七节　创意类服装的面料设计

 创意类服装的服用材料

　　材料是服装形式美不可缺少的构成要素。选择服装设计的材料是每一位设计师必须掌握的知识，创意类服装中对于面料的选择和处理也是关系到服装设计成功与否的关键所在。服装设计最终的表现形式是以材料来再现作品的。现代的服装设计已把材料的运用推向一个极为重要的位置，它不是一种简单地把面料包裹到人体上，而是充分利用各种材料不同的性能特征，加入科学和艺术的设计语言，使服装作品更富有实用和审美的价值。恰当的材料运用，能丰富设计，更能使服装超越设计者在图纸上表现的视觉效果。不同材料的视感、触感、质感、量感、肌理等性能都能为设计师的创意带来灵感。服装设计的创作有时也会受到材料本身具有的特征启发，这种设计创意丰富了设计语言，充分表现了服装的外观美。

　　现代服装材料的材料选择和运用，已逐渐摆脱过去陈旧的观念，面料的选择丰富多彩，由于构成材料的成分和加工形式的不同，形成了材料不同的性能。从狭义的角度讲，服装的面料主要是以纺织品为主。纺织品又包括天然和化纤纺织品。而从广义的角度划分，它还包括了多种的原料，如：天然裘皮、皮革、塑料薄膜、金属、橡胶、纸制品等。多元化的材料选择为服装设计师开阔了创意的巨大空间。

　　了解各种材料的基本性能，在设计时我们就可以充分发挥材料的优势性能，使服装材料的风格起到烘托整体风格的效果，下面简单介绍几种主要的服装材料，设计者可根据材料的特点选用合适的服装面料。

1. 纺织纤维

（1）棉麻织物　棉吸湿性强、透气性好，凉快干爽、手感柔软、穿着柔软舒适，它的缺点则是易缩、易皱，外观上不够挺括美观，在穿着时必须时常熨烫。棉类纺织品是服装设计师最常选用的面料，无论春夏秋冬或是不同种类的服装都可选择使用。

麻具有凉爽、吸湿、透气舒适等特点，而且硬挺、不粘身、易清洗，具有粗犷、质朴的外观风格。但麻纺织品在穿着后容易起皱、洗涤后须熨烫。麻织物适宜设计一些洒脱、轻便的休闲装。它的缺点则是穿着不甚舒适，外观较为粗糙，生硬。

（2）毛织物　羊毛质地轻柔细腻，视感和触感俱佳。弹性好、吸湿性强、保暖性极强。通常的毛织物是指羊毛和其他纤维混纺的纺织品，俗称呢绒。呢绒具有庄重、成熟的风格。有时为了设计的需要，也可适当增加一些小细褶，以冲淡面料的庄重、成熟感，增加活泼感，这种方法可用于儿童服装设计中。它的缺点主要是洗涤较为困难，不大适用于制作夏装。

（3）丝织物　丝织物一般具有良好的垂性，可用于设计高档女装，特别是用于设计礼服，服装飘逸、轻柔，具有典雅、高贵的风格特点。它的不足则是易生折皱，容易吸身、不够结实、褪色较快。

（4）针织物　针织面料具有良好的弹性，面料柔软，合体的造型帖服人体，体现柔美线条，宽松的造型则使得服装下垂，呈现松垮的外轮廓，同样能够体现出人体的线条美。针织物通常用于设计休闲装，塑造典雅、自然的风格，也可与其他风格接近的材料搭配，如毛呢、皮革等。

2. 皮毛类

皮毛类材料主要用在秋冬季的服饰品中。皮毛主要指皮革和毛皮两种。毛皮制品也称之为裘皮，是经过硝制的动物毛皮。如：狐狸皮、水貂皮。毛皮制品被视为高档昂贵的商品。皮革是由动物毛皮经加工除去动物毛并鞣制加工的兽皮。皮革制品坚牢耐磨，富有弹性。制作的服装具有挺括、粗犷的风格。

（1）水貂皮　它有"裘皮之王"的美称。水貂皮质地轻软、毛色光润、手感舒适、保暖性强。水貂皮易于染色加工，是裘皮制品中的精品，在国际毛皮市场中极受欢迎。但在近些年，由于人造裘皮外观效果几乎能以假乱真，而且价格便宜，所以很快受到了大众消费者的欢迎。在与其他面料搭配使用的服装中，利用人造裘皮的装饰效果，使服装产生较强的肌理对比。使服装成熟丰满，洒脱自然。但在与其他面料搭配时，要注意色彩的对比不宜过强，否则可能会喧宾夺主，使得服装过于张扬，给人一种轻浮的感觉。

（2）牛皮革　牛皮革富有弹性和张力，粗犷而厚实。牛皮革面细，强度高，表面平整光滑，磨光后亮度较高，最适宜制作皮鞋；且透气性良好，是优良的服装材料。常用于袋料、运动上衣、皮包类等。

（3）马皮革　马皮革的纤维结构比牛皮革组织稍粗，马皮革在服装上用得较少。特别是后背部分的皮质细密坚实，可用于制鞋。

（4）羊皮革　羊皮革轻，薄而软，是皮革服装的理想面料，有山羊和绵羊皮革两种。山羊皮质地轻薄坚韧，柔软而富有弹性，用于做外套、运动上衣等。绵羊皮革的特点是表皮薄，皮软质地细腻，延伸性和弹性较好，但强度稍差。广泛用于服装、鞋、帽、手套、背包等。

（5）猪皮革　猪皮革质地粗糙柔软、透气透水性好、牢度高。较适于制作内衣和儿童用品。

（6）袋鼠皮革　袋鼠皮革纤维具有统一的方向、没有汗腺，且纤维为水平结构，这使得袋鼠皮革强度更高，更耐磨损。袋鼠皮革也广泛应用于对耐用、耐磨损和舒适度要求高的磨光鞋面革。高级精选袋鼠服装毛皮也备受青睐，主要适合于中高价位的服装和装饰品。经过设计师们的精心设计和工匠们的制作就可以直接制作成各式各样的漂亮而且耐用的女式背包、挎包、手包等。

此外，鹿皮革、蛇皮革、鳄鱼皮革等也常在服装和装饰用具上有应用。

3. 特殊材料

在服装设计中特别是在创意服装设计中，时常因为某种设计主题的需要，材料的选择可随心所欲，例如一些天然的无加工的材料表现作品：如用贝壳打孔以线穿挂制成的项链或腰带，以此手法来准确表达设计思想。另外某些特殊工种或特殊人群由于环境或工作的限制，也需要一些特殊的服饰材料制作，如防辐射的孕妇装，阻燃面料制作的防火服、光照反射面料制作的环卫服装等。丰富多彩的服饰材料为设计师提供了更为广阔的面料选择空间。

（1）天然材料

① 植物材料。粗加工的麻、草、树枝、棕榈树皮等天然材料也常被设计师在创意服装中应用，利用这些材质的自然美感，体现设计者自然奔放的设计构思。夏威夷流行的草裙舞正是植物材料应用设计中的典型代表。

② 羽毛。早期的中国历史上以及现今的非洲某些部落民族，都有采用羽毛制作裙和头饰的习俗，羽毛作为服饰材料，可以经过染色加工也可直接使用天然的羽毛，早在唐中宗时安乐公主的"百鸟裙"，裙以百鸟的羽毛为之，且颜色在太阳下和灯光下不同。可谓中国织绣史上的名作。明代时期也有"鲜花绕髻"之说。常用的有鸵鸟毛、孔雀毛、鹦鹉毛、锦鸡等鸟禽羽毛。

③ 石材。有天然贵重宝石、玉石、人造宝石等。石材大部分作为服饰品来点缀服装，例如用玉石磨制成的小薄片，再用金线连缀而成的项链、手链等。

另外利用珍珠、贝壳等材料打孔加工穿挂制作成装饰品搭配成衣，也常用在礼服和创意服装设计中。

（2）新型材料　随着高科技电子产品在人们工作和生活中广泛运用，电脑、空调、手机、微波炉等已成为必不可少的办公用品和生活用品。此时，电磁辐射也给人们的健康带来较大危害。近几年随着高科技健康环保产业的发展，采用化学镀的方法，对涤纶织物进行表面金属化处理，生产出具有优良屏蔽有害射线的屏蔽织物，其特点是透气、隔热、耐腐蚀，可降低紫外线、高频电子射线等有害物质对人体的侵害。

① 人造合成革。人造合成革服装面料已经得到社会的广泛应用，在服装面料中的比例不断提高，特别是时尚化的合成革服装面料受到欢迎。从国内外的市场来看，合成革也已大量取代了资源不足的天然皮革。采用人造革及合成革做箱包、服装、鞋和家具的装饰，已日益得到市场的肯定，其应用范围之广，数量之大，品种之多，是传统的天然皮革无法满足的。

② 发光材料。这种面料是将尼龙布采用特殊工艺处理，使得它能够吸收并储存日光或灯光，放在暗处时就会发出不同颜色的光。应用到服装上既有引人注目的功能又很有装饰效果。是设计童装很好的装饰材料。

③ 阻燃材料。多运用在特种职业服装的制作中，此种材料是一种耐高温纤维的新型织物，具有阻燃、隔热、抗静电等功能。

④ 无尘面料。是一种根据荷叶不粘污水的仿生学结构原理，运用高科技把化学物质经过特殊工艺混入布料中，使之成为防水、防脏的无尘面料。

二 创意类服装常采用的面料再造方法

1. 面料再造的意义

随着社会的发展，人们对服装的要求在不断地提高，纯粹的款式变化已不能满足人们的要求，材料的革新与创造为服装的发展带来新的生命力，科技的发展更是令服装材料达到了一个全新的领域。对于设计师而言，款式变化受到服装功能性需求的控制，而在材料上的再创造则正是丰富与拓展服装设计的新思路。在服装教学中强调材料的再造，不仅加强了学生对材料的认识，同时有利于培养学生对材料的感性认识以及拓展学生的思维空间和造型能力。

2. 材料再造的方法

面料创意是服装设计中不可缺少的元素，在进行面料创意时，应注意视觉肌理的丰富表现，利用重组、分解、重新设计，使不寻常的质地和服饰从细节上得以提高，服装材料的再造和重组逐渐成为服装设计又一次新的突破。

（1）利用材料本身、材料与材料之间，以及多种材料之间的组合，体现材料的多样性表达 材料再造就是在原有的材料的基础上，运用各种手段进行改造，使现有的材料在肌理、形式或质感上较原有材料相比都发生了较大的甚至是质的变化，从而，拓宽了服装材料的使用范围与表现空间。材料再造的方法多种多样，他体现了设计师的创造能力，在实际运用中，我们可以将材料再造的方法归纳为两种最基本的设计原则：加法原则与减法原则。

① 加法原则。加法原则在立体裁剪中运用较为普遍，主要表现为添加的手法，或通过改造后表现出一种很强的体积感或一种量感，使用加法原则极大地加强和渲染了服装造型的表现力，使服装的语言变得更加丰富，更具感染力。加法原则的具体表现形式有：褶饰法、绣缀法、编饰法、面料拼合法等。

a. 褶饰法。褶饰，是利用面料本身的特性，经过人们有意识的加工处理，使面料产生各种形式的褶纹再造方式。面料经过或抽缩、或折叠、或缠绕，或堆积之后，可以改变过去平庸、贫乏的面孔，制作的服装更具有生动感、韵律感和美感。面料褶纹的形成是受外力作用的结果，由于面料的受力方向、位置、大小等因素的不同，产生的褶纹也具有不同的状态。这些褶饰既可用于服装的局部，也可布满全身，都具有别样的风情韵致。较为常见的褶饰形式有叠褶、垂坠褶、波浪褶、抽褶、堆褶等等。如图1-7-1所示。

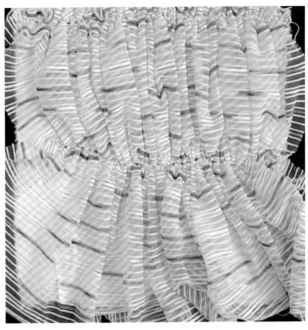

▲ 图1-7-1

b. 绣缀法。是以服装面料为主体，在其反面或正面通过拼贴、刺绣、汀缝、吊挂等方法。添加相同或不同的材料。如：珠片、羽毛、花边、立体花、绣球等多种材料运用。通过手工或机器缝合或粘或贴而改变面料表面纹理状态的再造方式。绣缀法可以使面料表面形成各种凹凸起伏、柔软细腻、生动活泼焕然一新的效果。其纹理具有很强的视觉冲击力，在服装上既可以局部，也可大面积使用。而且图案或小造型或装饰物的大小、连续还是交叉、在服装上的排列方法、疏密安排、缝线的手法是单一还是变换，都能使其风格各异、韵味不同。如图1-7-2所示。

▲ 图1-7-2

c. 编饰法。是将面料折叠或剪切成布条或缠绕成绳状之后，再通过编织或编结等手段组成新的面料或直接构成服装的再造方式。编饰由于对材料的加工方法的不同，采用的编结的形式不同，因而在服装表面所形成的纹理存在着疏密、宽窄、凹凸、连续、规则与不规则等各种变化。利用编饰手段加工的面料制作的服装，能够非常轻松地创造特殊形式的质感和极有特色的局部细节。往往给人以稳定之中有变化，质朴当中透优雅的视觉感受。编饰的材料也极为广泛，既可选择梭织和针织面料，也可选用皮革、塑料、纸张、绳带等。在具体运用方面又有绳编、结编、带编、流苏等表现形式。如图1-7-3所示。

d. 面料拼合法。通过拼接的手法将各种面料重组。由于不同的着色性能而产生不同的色彩效果，可将各种不同材质及色彩的材料拼合，还可将不同材质的面料拼合后再染色。还有将面料裁成各种形状，再重新拼合在一起，达到改变面料效果的作用，尤其应用在皮草、皮革服装的制作上。可以是规则地拼合，也可以是不规则地拼合。通过不同材料拼合可产生不同风格，其视觉效果丰富多彩。还可将各种边角碎料裁成一定的形状，拼合起来制成服装，这种手法多用于童装设计或家居用品上。如图1-7-4所示。

 图1-7-3   ▲ 图1-7-4

② 减法原则。与加法原则所表现出的雍容华贵和妙趣横生的风格相反，减法原则所体现的是一种简洁朴素，雅致大方、欲说还休的含蓄美。现代人对服饰美的追求往往存在着双重性，既追求一种纷繁复杂的华丽之美同时也讲求简洁大方的朴素美，因而，减法原则的运用同样是现代服装设计中不可缺少的必要手段之一，减法原则的运用手段有：省道合并法、镂空法、抽纱法、面料剪切法等。

a. 省道合并法。省道合并法是服装结构里面重要的内容，在这里是为了款式设计的需要，将省道分割尽量减去，使之更符合整体简洁、大方的造型感觉。

b. 镂空法。镂空是将"孔"设计成花纹图案的形式，通过机械热压或手工镂空而成（机械热压主要用于合成纤维及革类制品上）。如手工或机器编织的镂空织物。通过机械热压或手工镂空运用剪、刻、抠、烧等方法对面料进行有创意的"破坏"。根据风格需要在服装上刻出不同造型的图案，如花样、动物、文字、几何造型等，颇有剪纸效果。镂空的地方可以重叠显现底层面料，或在镂空处添加其他创意效果，改变过去平庸、贫乏的呆板的面料效果，制作的服装更具有生动感、层次感和美感。如图1-7-5所示。

　　c. 抽纱法。抽纱是将面料的经纬纱按一定的格式抽出，形成透底的一些格子，在底层衬托一种不同色彩的里布，可产生意想不到的色彩效果。如图1-7-6所示。

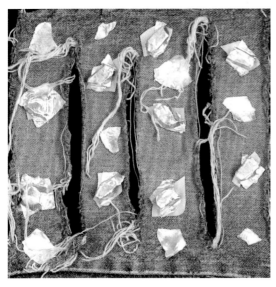

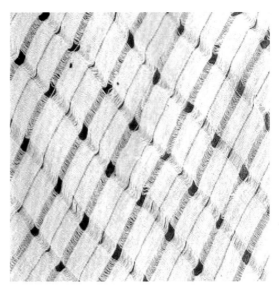

▲ 图1-7-5　　　　　　　　　　　　　　　　▲ 图1-7-6

　　③ 加减法的综合运用。创意服装非常注重款式的造型以及表现力，因此，掌握上述造型原则有利于发展与完善创意服装中的款式造型与丰富造型的表现力，上述技巧既可独立使用也可综合运用互为补充。面料是构成服装的要素之一，所以是否能充分发挥面料的巨大魅力，是设计师思维与创作的重要内容，再造后的新颖面料也将影响着设计师的创作思维，也在一定程度上影响着设计的形式与结果。

　　（2）借助于现代科技手段对材料的再塑造　这种方法是显示其材料的科技含量，赋予服装的实用功能上的创新，更多地运用在各种成衣的设计中。

　　① 通过各种手段改变其色彩效果。方法一：重新漂染法，可采用手工渲染法、扎染法以及石磨、洗水等方法改变或减弱原有的色彩效果。如现在经过打磨和水洗之后的牛仔面料，这几年丰富的运用到牛仔裤上，打磨方法各异，形成的效果千变万化。方法二：采用覆盖法改变色彩效果。采用几种不同厚度的布料，将最薄并且透明的材料放在上面，由于不同的色彩交叠后产生独特的色彩变化。可依据流行选用合适的处理手法。

　　② 以纳米科技为例。在近期的对于服装材料的研究中，纳米技术的应用有了新的进展。我们知道，纳米材料研究室从物质的分子和原子着手而改变物质的性能和本质，使分子和原子的结构重新组合而创造出新的物质结构。经过纳米技术处理的服装材料，由于纳米的超微型原料深入材料的纤维组织，即在纤维外形成一层保护网，使材料原有的缝隙结构变得更加紧密，增强了材料的防污染性、固色性、强度、防缩性和不易变形的功能。同时，又不影响其透气性和散热性，有效地控制湿度并保持材料的高度清爽。当然，对于纳米技术在服装材

料上的应用研究还处于开始阶段，随着高技术的发展，纳米技术的强势会不断地被开发出来。另有其他的高科技材料（如环保材料、防辐射材料等）和电子技术材料（如电子喷绘、电子绣花等）也不断地产生新的成果，为服装产品的创新带来新的突破。

三、创意类服装材料采用的对比方法

1. 同一材料构成法

同一材料的设计，如果整体服装采用同一质感面料，且颜色相同。会给人一种平庸、单调的感觉。这时可以丰富面料表面的肌理，使服装表面产生不同的肌理对比效果，从而打破面料的平庸感，增加服装的视觉效果。

让同一材料产生不同肌理效果的方法有很多种。如上面提到的抽褶、折叠、镂空、编织、刺绣等。因同一材料除了人为的肌理效果以外，在颜色、质感、风格上都是一致的，所以比较容易协调。当然，在创造肌理对比效果时，也要充分考虑服装的形式美法则。如要注意肌理变化部分应与没有肌理的部分产生面积差，要以一部分为主，一部分为辅。也要注意肌理变化部分分配的巧妙性，使与整体服装的风格相协调，不致太呆板。同时也可以让肌理变化部分在一套服装中多次出现，产生强烈的节奏感和呼应美。总之，在进行面料的肌理设计时，要时刻把握服装的整体性和主次关系，适可而止。肌理效果要加的巧妙、加的有创意。如图1-7-7所示。

2. 不同材料构成法

同一材料构成法用的是同一种材料，面料质感和颜色方面的对比效果微弱，所以整体服装感觉细腻、婉约、对比不强。 为了丰富服装的材料变化，更应该思考不同材料之间的组

▲ 图1-7-7

合规律。

外观差异小，面料风格、厚薄、质感方面差异小，对比不强的面料组合在一起时比较容易产生视觉上的平衡，常用于普通服装中。如灯芯绒与同样厚薄的针织罗纹布拼接，视觉上比较容易产生平衡感。

外观差异大、面料风格、厚薄、质感方面差异大，对比效果强烈的面料组合在一起时，应充分考虑两者的主次关系，注意调节两者的面积差。如丝绸与牛仔，丝绸与皮革的组合，丝绸较轻，面积要大一些，牛仔和皮革较重，面积要小一些，以达到视觉上的平衡。当然，也要根据设计的需要，如以皮革为主，丝绸为辅的服装给人一种僵硬、干练的感觉，而以丝绸为主的服装会给人一种飘逸、轻柔、柔中带刚的感觉。

运用不同材料构成法时，也要充分考虑服装的形式美法则。另外，由于不同材料之间一般都存在较大的差异，所以为了达到和谐的美感，尽可能运用临近色和同类色。如图1-7-8所示。

▲ 图1-7-8

第八节　创意类服装的系列设计

创意类服装的系列设计是运用同一种设计要素、造型、色彩、风格和装饰等彼此之间有相同或相近的元素，进行彼此之间不同的、有所变化的设计。系列设计的特点就是数量的设计、共性特点和个性因素，统一中有变化，变化中有统一。数量的设计特点就是一个系列设计是以数量为特色的，系列设计一般是：小系列3～5套；中系列6～8套；大系列9套以上；特大系列20套以上。共性特点是指系列设计中每个单体服装彼此之间有共有的部分，共同的内涵、共同的风格等。个性因素是指系列设计在共性的基础上，又彼此有差异和突出的特点。

系列化服装，就是运用同一种设计要素，来进行设计的具有某种相同特征的服装，其中不但要有重复还要有变化。这种同一种设计元素可以从如下几方面来考虑。

运用款式设计为同一设计形式的组合

运用同一造型与基调来进行重复和变化的设计，服装款式设计是构成服装设计的三大基本元素（款式、色彩、面料）之一，款式设计包括外轮廓设计、服装内部结构线、内部式样设计，款式设计是系列设计的基本要素。服装的外轮廓是系列服装设计的造型风格的主要组成部分，服装的轮廓包括A型、H型、O型、X型、Y型。这些造型通过服装设计的原理和法则共同组成不同特点的系列服装：以某种造型为基型组成系列的服装，或者从色彩上、或者从面料上、或者从装饰上进行变化，组成既有统一又有变化、既有共性又有个性的丰富的层次系列服装变化形式；通过服装内部具体结构线、具体内部式样设计作为系列设计元素，也可以通过设计的法则进行变化，组成新颖的系列服装样式。

运用色彩为同一设计形式的组合设计

运用服装色彩的明度、纯度、冷暖、层次、呼应等表现手法，通过某一组色彩为设计内容，或者选择一种或以上色彩为强调的重点，作为主体色彩，或者从明度上考虑强调的重点、或者从纯度考虑强调的重点，来配置系列服装的色彩设计，要求共性与个性结合，统一与变化和谐。以便使服装的整体风格得到和谐。

系列化的色彩设计，应该有一个主要色调贯穿于系列服装中，使系列中的各件服装的色彩统一在一个基调中，注意总体协调和色彩的完整感；如果是品牌服装的系列设计，要考虑到企业的利益、商场的需求和消费者的喜好，以色彩的趋向感为系列服装色彩设计的总体色调。

系列服装的色彩统一感，可以从色彩的色相上把握，在设计中，可以变化色彩的大小和位置，或者从明度的对比和纯度的对比来考虑，突出色彩的暖色调、冷色调、亮色调、暗色调，以表现色彩组合搭配的效果，突出系列服装色彩设计的特点。

（三）运用服装材料设计为同一设计形式的组合

服装材料是系列服装设计的基础，材料的色泽、纹理、质地特点的运用，是系列设计的重要的内容之一。服装材料按原料不同可以分为天然纤维面料和化学纤维面料，天然纤维面料包括棉、麻、丝、毛制品、裘、革等六大类。设计师在设计的时候最注重服装材料的外观、手感、色泽、肌理等，材料不同，产生的服装的款式和色彩的风格就不同。

（四）运用装饰手段为同一设计形式的组合

装饰手段是系列服装设计的重要的设计方法，运用装饰手段为同一设计形式，变化系列服装的款式造型、色彩、面料和风格，形成系列服装的统一与变化的丰富的设计内容。装饰手段有很多，例如结构线装饰、褶裥装饰、布贴装饰、绣花、抽纱、镶滚装饰、扎染、蜡染。表现注重表面形式美感的系列服装，服装的装饰离不开服饰品，例如帽子、箱包、发饰、首饰、鞋子、腰带、领带等，它们有实用和装饰功能，通过服饰品为共性设计的服装，会使系列服装丰富多彩。

（五）运用风格为同一设计形式的组合

服装是人类物质和精神需要的人类文明的产物，服装设计的本质是对服装进行实用性和审美性的设计，在系列服装设计中主要是对审美需求的解决，注重服装的形式美感的把握，突出服装的艺术性，通过各种艺术风格的运用组合，设计出风格统一，内容丰富的系列服装。

设计服装时可以从各种艺术形式中找到设计灵感，形成各自的风格和独特魅力，作为系列服装共性设计形式的主色调，与款式、面料、色彩、装饰等有机组合，形成风格统一，形式多样的系列服装。不同历史时期的艺术作品和服装样式，例如紧身胸衣和庞大裙撑形成的X造型的古典服装，中世纪、巴洛克、洛可可时代的神秘、曲线优美烦琐的建筑风格，都对系列服装设计产生深远的影响，形成唯美主义倾向的古典优雅风格，可以成为古典风格为同一设计形式的系列服装组合；各种艺术之间的变化与联系，不可避免地影响到服装，例如音乐、舞蹈、美术、影视、文学、建筑以及波普艺术、欧普艺术等给了设计师无穷的设计灵感，可以成为以前卫风格为同一设计形式的系列服装艺术设计组合；都市时尚风格是一种面向城市职业男女，要求服装面料考究、色彩丰富和谐、结构合理、时尚浪漫性感的风格，通过对它的理解，可以形成以都市时尚风格为同一设计形式的系列服装组合；造型宽松大方、色彩丰富、面料舒适、装饰简洁的休闲样式，是不受年龄限制的一种风格，可以设计出以休闲风格为共性设计形式的系列组合设计（如图1-8-1所示）。

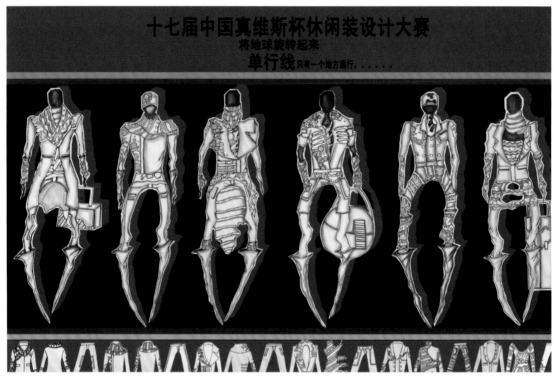

▲　图1-8-1　17届中国国际真维斯服装设计大赛北部赛区亚军全国总决赛铜奖（作者 王建）

思考与练习

1.以文化艺术为题材，设计3～5款创意性服装。

2.以传统文化为题材，设计3～5款创意性服装。

3.结合当今的流行趋势，自命题设计一个系列的创意服装。

4.设计系列表演装3～5套。

第二章　创意类服装的设计程序

学习目标

　　通过对创意类服装设计程序环节的学习，使学生了解并掌握构思主题的形成到表现的整个过程及服装艺术创作过程中的构思技巧和表现方式，从而培养学生的创作构思能力和表现能力。

　　创意类服装的创作设计过程可概括为：创意主题的确定→创意主题的分析、构思→创意构思的设计表现。

第一节 创意主题的确定

创意类系列服装都有其设计主题，它是服装元素构架组合成作品后传达出来的设计理念。主题是设计的灵魂，是贯穿服装系列的中心思想，把握好主题，是进行创意设计的第一步。在进行创意类服装设计时，应首先把握住设计主题的整体氛围，确定设计的整体风格，然后再通过相关的服装题材来表现。

主题的确定绝不是空穴来风，是以设计理念为骨架的。设计理念是经过反复思考、推敲后确定的，它对之后整体服装系列的把握会产生很强的说服力。也就是说设计理念一定要有内涵和底蕴，如果只注重表面程序而忽略其涵盖的意义，就会像一个没有内在的女人，只有漂亮的外表，却缺少了气质。因此，我们要先寻找激发创作灵感的理念，来确定设计主题。创意主题的确定主要有两种形式。

一 先立意，再搜集素材

这种方式也称为命题设计，常用于一些服装赛事、课堂专题训练等设计中。2011年"中国职业时装设计师创意设计大赛"以"更加开放的中国"为主题，邀请亚洲时尚联会成员国的知名设计师参与其中，由此拉开大赛"立足亚洲，辐射欧美"的影响力征途。第20届"汉帛奖"国际青年设计师时装作品大赛主题为"跨越"，为出席2012年伦敦奥运会开幕式的影视明星设计晚礼服。

在进行命题设计前，应对主题进行细致的分析和判断，把握住主题的内涵和外延。对主题的透彻分析是理清创意思路，寻找构思切入点的重要环节。每个命题都有其自身的意义和范围，设计者要在它限定的内容中，寻找设计构思的线索。如2009年北京服装学院在北京798 D.Park举办的"中山装概念"创意时装发布会，围绕"中山装"巧妙而别具深意展开构思，完全打破男装的束缚，将中山装的男装元素融合时代特点和中国民族传统文化，完全转化为当代女装的摩登语言，从不同的审美视角诠释了中山装的文化风格和时尚品位。如图2-1-1所示。

在创意命题设计中，有些具象的命题指向明确，限定清楚，基本情调稳定，在分析时，容易把握。如2011年"中国职业时装设计师创意设计大赛"的主题"更加开放的中国"，指向非常明确，此大赛邀请亚洲时尚联会成员国的知名设计师参与其中，由此拉开大赛"立足亚洲，辐射欧美"的影响力征途。如图2-1-2、图2-1-3所示。

有些命题也较抽象，多指思想或精神方面的内容，如20届汉帛奖设计大赛主题"跨越"蕴含着时空的跨越、国界的跨越、梦想的超越。本届大赛征集各国新锐设计师的不同视角，诠释最为国际化的时尚概念，大赛要求参赛选手为出席2012年伦敦奥运会开幕式的影视明星设计晚礼服，它一方面寓意着选手们在设计上要有跨越的精神，敢于打破常规尽情释放自己的创意灵感；另一方面也期望能通过选手的设计来阐释晚礼服的高贵华丽之美。这是一场真正跨国界的沟通，这是一次服饰文化的交融，更是希望来自不同国家的设计师能在同一平台上用设计语言相互交流，实现设计实力的大比拼。如图2-1-4、图2-1-5所示。

◀ 图2-1-1
"中山装概念"创意时装
发布会作品

《巴黎与巴黎》

◀ 图2-1-2
2011年"中国职业时装设
计师创意设计大赛"票
数排第一名的参赛作品

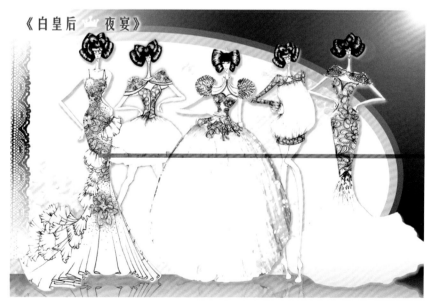

《白皇后 夜宴》

◀ 图2-1-3
2011年"中国职业时装设
计师创意设计大赛"票
数排第二名的参赛作品

▲　图2-1-4　"汉帛奖"第20届时装设计大赛铜奖作品《凝聚》

▲　图2-1-5　"汉帛奖"第20届时装设计大赛金奖作品《逆向》

二 先有素材，再立意

这是由生动的题材激发创作灵感而产生联想的设计方式，常用于个人主题发布，流行趋势的预测展示等设计中。如在2012-13秋冬的东京时装周上，著名的时装品牌alice auaa的设计师Yasutaka Funakoshi以哥特风格为构思题材，创意设计了一系列另类时装。T台上模特们各个身穿奇异的服装，那类似于桌子式的裙子，夸张的妆容，带给人们新奇的同时又凸显出一种诡异的哥特风格，让人印象深刻。如图2-1-6所示。

▲ 图2-1-6 东京时装周 alice auaa 2012-13 秋冬女装系列新品发布作品

卡宾是第一次在纽约时装周上展现自我的中国设计师，其展现的精华作品，创意源于自己喜爱的拳击和赛车运动，他将拳击的力量感、赛车的速度感、运动的挑战性融为一体，突出了"张扬生命力"的主题。他植入一些特色东方元素，如京剧脸谱、富贵牡丹、或泼墨或写意于服装之上的梅兰竹菊，使书法图案，传统纱质材料等古老的元素以崭新的方式呈现在服装上。比如在黑色的窄身男士西装肩部加上色彩艳丽的牡丹刺绣，民族元素的此种用法让人叹服。如图2-1-7所示。

▲ 图2-1-7 卡宾在纽约时装周上展示的精品男装

第二节 创意主题的分析、构思过程

把握住一个好的主题和理念是创意类服装设计成功的前提，用恰当的题材来表现和用怎样的服装形式来体现是其成功的关键。创意主题的分析、构思可分为以下几个步骤。

一 收集素材，寻找构思切入点

通过分析主题，明确主题的内涵和外延后，就要着手收集与主题相关的信息，并选择表现主题的题材。如从20届金帛奖的获奖作品中可看出设计师们围绕"跨越"这个设计主题展开素材搜集，有把设计关注点集中在东西方文化的理解上的，有把切入点放在超自然的科幻世界上的，也有以东方人对水的概念来诠释跨越的深层含义的等。如图2-2-1所示。

▲ 图2-2-1 20届"汉帛奖"入围选手刘海涛的设计作品主题《吒水》

我们要勾画记录搜集到的任何相关信息，必要时配以文字作补充说明。对所接触到的引起自身浓厚兴趣的信息进行整理，初步确定一个构思方向。如"印象北京"这个主题，当对收集到的信息进行整理时，发现对京剧艺术中的脸谱或中国的茶文化产生了兴趣，创作构思的切入点就放在脸谱或茶文化，这样表现主题的题材就确定下来了。

二 发挥联想，捕捉灵感

灵感的来源关键在于设计师对题材的领悟。题材确定后，也就有了进行形象思维的主线，顺着这条主线，通过联想法则，如接近联想、类似联想、对比联想和因果联想，把两个或多个事物联系起来，发挥想象，把储藏在大脑中的信息和积累获得的表象材料，用概括、转移、变形等方式，进行艺术趣味性加工，创造出新奇的结构造型。也就是说设计师在明确主题的含义后，要收集与其相关的能完好表现主题的信息素材。从20届汉帛奖的参赛作品中可以看出，在互联网和信息获取渠道越来越快捷的今天，时空、文化、国界的界限已经不再清晰，而关于时尚、流行和趋势的诠释，每个国家的入围选手都有其独特文化作为灵感来源。来自中国清华大学的入围选手刘海涛则以东方人对水的概念来诠释跨越的深层含义，从蜿蜒的水流和显微镜下的水分子提取元素，可以跨越人的自然属性，达到"人水合一"的自然状态。来自中国台湾的选手张倍祯则取中国青花瓷器为发祥，保留它最为著名青与白的配色让花纹布满整件衣裳，系列的特点除了在花纹上，也表现于织品上，布料多自纯色素布印制或手绘花样，再以手工织品变化及染色，展现优雅及大气的中国文化盛世。如图2-2-2～图2-2-4所示。

▲　图2-2-2　20届"汉帛奖"优秀奖——张倍祯的《清花盛世》

▲　图2-2-3　20届"汉帛奖"银奖——陈龙的《女主角》

▲　图2-2-4　20届"汉帛奖"铜奖——贾方的《灵》

在联想过程中，要抓住任何瞬时性的、突发性的灵感，从中选择最让人心动且富有创造性的灵感。

三　完善设计构思的过程

创作灵感产生后，要找到相应的服装表现形式，如服装结构造型、材料配置、色彩搭配、工艺手法等，然后对其进行理性的认识和思考，最后整合，完成设计构思。一般来说，完善创意，实现完整的设计构思，需按以下几个步骤进行。

1. 总体形象的定位

首先要确定创意的整体风格，把整体形象定位好，然后再着手构思具体款式。创意的风格有很多种：如大胆前卫，冷艳性感、简洁含蓄、古典优雅、新奇另类等。款式造型、面料选型、色彩搭配、细节元素等表现形式的设计，都要围绕整体风格展开。如图2-2-5所示。

2. 基础型的构思

创意类服装多是系列服装设计，而在设计系列装时，一般是从一套服装开始，先构思出一套最能体现整体设计风格和形态特征的代表性服装款式，也可称为基型款式，然后再以此展开系列设计。基型款式的构思设计一般可以从以下几方面入手。

（1）从常规的服装模式出发　这种设计模式是对常规服装模式的借用和发挥，在人们习以为常的服装款式框架中推陈出新，采用夸大常规造型、转移常规位置、变换常规结构、分解重组常规形态等手法来获取新形象。如图2-2-6所示。

▲ 图2-2-5 不同的造型、面料、色彩及细节设计，呈现出不同服装风格

（2）从常规的服饰形式出发 在常规的服饰形式中，选择一种形式作为创意构思的方向，力求更加合理、巧妙地把这一形式的特色和优点表现出来，简单来说，就是要想方设法把这一形式演绎到极致。服装的基本形式可分为包裹式、贯头式、缠绕式、系扎式、披挂式等。如图2-2-7所示。

▲ 图2-2-6　　　　　　　　　　▲ 图2-2-7

（3）从立体构成的艺术角度出发　这种方式是以人体为撑架，用面料为主的各种材料，在人体表面以不同的方式进行体量感较强的立体塑型。常用的立体构成艺术手法有重叠、悬挂、抽缩、折叠、撑垫等。如图2-2-8所示。

（4）从材料的特殊性出发　材料的特殊性，如特殊的色彩配置，特殊的表面肌理效果，特殊的质感等，都是激发创作灵感的素材，能创造出一种独特新奇的意境。如图2-2-9所示。

▲ 图2-2-8

▲　图2-2-9

3. 系列的衍生

基型款式确定好后，按相似原则，把构成基型的最具独特特征和艺术特色的造型要素变化衍生成一系列，其设计思路如下。

（1）通过对相同性质要素的派生、重组、构架等手段使之系列化的方式　这种方式是以基型中最有特色和代表性的一种元素（如外廓形、图案纹样、表面肌理、结构细节等）作为共性元素，然后变换其他元素来构成系列。这样衍生的创意装系列形式有较强的统一感。如从北京服装学院2012届优秀毕业作品展金奖《融化的冰山》的系列作品中，可明显地看出这种系列的衍化形式。如图2-2-10所示。

▲　图2-2-10　《融化的冰山》设计主题系列作品

（2）通过对不同性质要素的派生、重组、构架等手段使之系列化的方式　这种方式是以一种元素（如外廓形、图案纹样、表面肌理、结构细节等）的变化对比来构成系列。这样衍生的创意装系列形式有较强变化感。如图2-2-11所示。

▲　图2-2-11　北京服装学院2012届优秀毕业作品展铜奖《边缘》

在创意装的系列设计中，好的设计要素显得尤其重要，但不宜太多，要有设计重点，主题要素一般一至两种就足够。相反，把所有要素都不假思索地堆砌在一起，就会显得零乱，缺少了设计亮点。

第三节　创意构思的设计表现

创作灵感产生后，许多富有创意的独特服装形象就会在大脑中浮现，这时就需要用恰当的形式把其体现出来。创意构思的设计表现，可分为两大层面：创意构思的直观化和创意构思的成品化。

一　创意构思的直观化

也可称为服装的一次设计，是把抽象的创意构思通过绘画手段以平面的形式直观地展现出来。按照构思阶段的不同，可分为以下几种设计表现形式。

1. 草稿

通过简单线条快速描绘服装形象的绘画形式。在完全处于单纯创作状态的这个阶段中，设计者要抓住脑海中闪现的任何东西，挖掘思维中潜在的创意表达元素。由此可看出，草稿在整个设计表现过程中，特别是在创作的初始阶段，是特别重要的。设计者不但要学会捕捉灵感，更重要的是要具备能快速准确记录灵感激发出的各种服装形象的能力，即要具有较强的绘画功底。

草稿多以线条来表现，其线条简练、快速、流畅且充满激情活力，它不拘泥于任何绘画形式和绘画工具。草稿描绘的是处于单纯创作状态下的设计造型。如图2-3-1、图2-3-2所示。

▲　图2-3-1　中国著名服装设计师张肇达以"西双版纳"为创意主题的服装构思草图
（草稿阶段要真实地展现设计思维，不拘泥任何表现形式）

2.设计效果图

设计效果图也称为时装画。通过对草稿图的筛选，准确、完善的再现系列服装形象和整体着装效果的绘画形式。它强调把构思的服装款式，通过艺术的适当夸张、抽象和完美化，通过绘画形式呈现出服装的整体着装效果、款式特点、色彩配置、材料组合及质感、服饰配件等，使我们能直观地感受到设计。也可以说，服装的设计效果图是在草稿的基础上，将设计理念延续的更为真实贴切和有特点。

服装效果图能充分体现设计师的设计意图，给人以艺术的感染力。创意类服装设计效果图的绘画形式更是丰富多变，体现出强烈的个性特征。如图2-3-3～图2-3-5所示。

▲　图2-3-2

3.平面款式图

平面款式图是用平面的表现方法描绘服装的款式结构。它是将服装的款式特点、工艺特点、装饰配件及工艺流程进一步细化形成的翔实、科学的示意图。平面款式图应准确工整，各部位比例形态要符合服装的尺寸规格，一般以单色线勾勒，线条流畅整洁，以便于服装结

▲ 图2-3-3 20届"汉帛将"入围选手刘海涛的参赛作品——《吒水》效果图

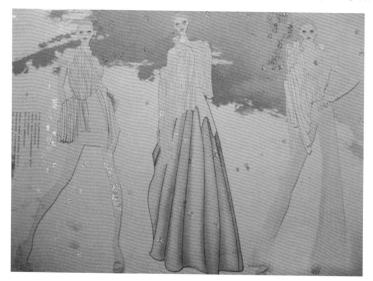

▲ 图2-3-4 20届"汉帛将"入围选手张蕾的参赛作品——《雾》效果图

构的表达。平面款式图是服装设计与服装制板、服装工艺制作等流程中的重要环节，通过平面款式图，能够清晰准确地向制板师、样衣师传达设计意图，使最后做出的服装成品与设计师的设计方案能完全吻合。

平面款式图要对设计服装的整体结构造型——外部轮廓的设计、内部结构的设计（如省道、分割线、褶裥等）和相关的细节元素的设计进行详细准确的描绘说明。如图2-3-6所示。

服装的平面款式图一般包括服装的正面款式图和背面款式图，有时候对一些特殊的细节或工艺要点可以加大图示并附上必要的文字说明和面料小样，图文并茂，以证明设计构思的可行性，更加全面准确地表达设计构思。服装设计赛事的初试一般都要求参赛者提供标注主题和设计构思，绘出平面款式图和附加面料小样的效果图。如图2-3-6所示。

 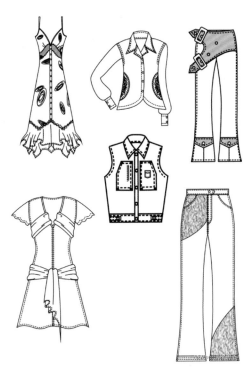

▲ 图2-3-5 "大连杯"参赛作品效果图　　　▲ 图2-3-6 "大连杯"参赛作品效果图

二　创意构思的成品化

也可称为服装的二次设计。它是把抽象的设计思维通过具体技术手法转化为具体服装成品的过程。服装的成品化是在直观化的基础上进行的。

1. 服装裁剪

创意类服装因结构造型上较复杂奇特，多采用立体裁剪法，或者采用平面与立体结合的裁剪法。

立体裁剪又称为服装结构的立体构成，是设计、制作纸样的一种重要方法。它是指以人体或人体模型为基础，直接用面料在人体模型上进行款式造型，确定好所需造型后，用大头针固定，标记服装轮廓，再从人台模型上取下布样，进行修正后，转换成服装纸样，并制成服装成品的裁剪方法。此种裁剪方法，直观操作性强，许多在平面裁剪中难以克服的造型问题，在立体裁剪中就迎刃而解了，比较适用于造型复杂多变的创意类服装。

2. 工艺制作

这个阶段是设计思维向服装实物转化的关键阶段。需要设计者有较强的工艺造型和工艺操作能力。有许多特殊工艺细节是要靠纯手工制作来完成的。创意类服装设计的成型，离不开高超精湛的工艺制作。如图2-3-7、图2-3-8所示。

▲　图2-3-7　精美的工艺细节处理　　　　▲　图2-3-8　国际时装周T台上模特所秀服装的
　　　　　　　　　　　　　　　　　　　　　　　　　　　　创新性装饰细节令人叹服

　　我国服装业的发展正处于服装企业与服装设计师相磨合的时期。我国服装业发展还存有许多弊端。现在有许多服装企业只注重商业市场，漠视设计师的创意价值；也有许多设计者，特别是学院派学生只盲目追求创意、创新，对于市场一无所知，实现不了服装的最终价值；还有，我国服装业起步较晚，文化根基不深，国内设计师的创新设计能力还有待提高。这些都是中国服装设计相对落后的原因。从现代服装的整体发展态势来看，我们中国服装业发展的关键就是要使创新与商业完美结合，优秀设计师与企业紧密结合。中国的服装教育应扭转以前的单一理论固定模式，要与企业合作。而企业要给设计师较大设计空间，使设计师的创造价值得以体现，设计出有中国自身特色的服装，而不是一味跟着西方服饰文化主流走。只有这样中国的服装才能在世界服装舞台上立足，才能确立在国际市场上的地位，才能向前迈进。

思考与练习

　　以某大赛为主题，设计一个系列的服装。要求：写出分析、构思过程；确立本系列的题目；画出效果图、结构图。

第二篇
成衣设计

第三章　成衣设计

学习目标

　　本章是学习成衣类服装设计的重点部分，要求掌握成衣类服装设计的特点和基本方法，通过对成衣类服装设计程序的学习，了解成衣设计的程序，熟悉成衣设计的流程及成衣产品的特点，培养成衣设计的表现能力。

第一节 成衣设计概述

 一 成衣与成衣设计

　　成衣是服装的一个重要的组成部分，是能够机械化、依据号型尺码批量生产的、成本和价格相对高级时装来说做工不考究、价格较低廉的大众化的各种规格的衣服。它与传统的由裁缝订作、风格华美、用料奢华、做工考究的高级时装相比有着自己的特点和设计思路。成衣是经过市场调研、按照市场需求来设计的，他有自己的标准号码系列，它的对象是广大的消费者，辐射的范围较广，目的是追求产品的销售额度和企业的利润。

　　成衣设计是服装设计的一个类别，是以消费者为主体，以工业化生产为手段，以市场需求为导向，注重产品的实用功能和美观，考虑产品的批量化生产和成本价格，以及所产生的利润和企业的效益。

　　在服装发展的历史长河中，成衣是在工业化生产的过程中产生的，随着1790年英国人托马斯·塞特发明了单针单线链式缝纫机后，服装的生产速度日益加快，可以批量生产，成本和价格随之下降。20世纪60年代开始，整个社会的价值观念发生了巨大的变化，传统文化本身受到剧烈的冲击，服装观念随着文化观念的改变发生了急剧的变化，同时合成材料、化学纤维的出现，批量生产方式和大众消费文化的形成，使以往的"高级服装"变成大众的消费对象，成为大众化的消费商品。例如著名的法国设计师迪奥（Christian Dior）在第二次世界大战结束后，推出了著名的"新外观"（New Look）获得了巨大成功，创造了专利费用（license fee）方式，在他于1947年去美国访问的时候，发现美国是一个巨大的服装市场，由此他改变了自己的设计和经营理念，消费者可以购买他的专利。由于价格相对下降，因此购买专利可以给商家带来丰厚利润，开始了批量化生产。从此高级时装渐渐被成衣所代替，时装从少数的贵族所拥有变为大众化的消费品了（如图3-1-1～图3-1-3所示）。

 二 成衣产品的特点

　　成衣相对于量身定做的高级时装来说，有自己的特点。

1. 机械化的生产方式

　　随着服装行业的发展，服装的生产方式发生了很大变化，在成衣制作的过程中，现代化的机械设备被广泛应用到生产中，电动平缝机、电动包边机、锁扣眼机、自动熨烫设备、包装设备、流水线设备等，利用计算机进行设计的服装ＣＡＤ系统，可以快捷的进行款式、打版、推版、排版、排料设计，机械化的生产大幅度提高了产品的数量和质量。扩大了规模，降低了成本和价格，消费者受益，扩大了市场规模，企业获得了很高的效益（如图3-1-4、图3-1-5所示）。

▲　图3-1-1　　　　　　　　　▲　图3-1-2　　　　　　　　　▲　图3-1-3

▲　图3-1-4　服装生产车间　　　　　　▲　图3-1-5　全自动西服定型设备

2. 大众化的服装样式

　　成衣设计的目的是为了满足广大消费者的需要，为大多数人服务的，它所服务的对象是范围较广的一个消费群体。因为作为设计师应该确立正确的设计观念，考虑广大消费者的审美心理，款式的设计适合大多数人的审美品位和眼光，也就是要以市场需求为导向，以消费者为对象，设计出消费者愿意买、市场需要的成衣服装来。

3. 规格化、标准化的产品

在成衣的生产运作中，要充分考虑到成衣产品的款式造型、色彩搭配、面料质地、尺码大小等技术规格。每个系列的产品要有统一的设计元素，或者色彩搭配相同、款式变化，或者款式相同色彩各异。同一款式的衣服，通过推挡制成尺码不同的各件服装，这个尺码系列，是经过科学调查研究得出的，也就是来自于国家号型标准的服装尺码号型，我国的号型标准一般把人的体形分为 Y 型、A 型、B 型和 C 型，生产厂家依据这些体形分类，制作出相应的尺码系列服装，满足顾客的需要。市场上还有一些出口服装和独资、合资生产的服装，他们的规格和号型不同于中国的号型和规格，因此设计时要加以注意。

4. 合理化、大众化的价格

成衣的生产由于是批量化、大众化、机械化的，它是为一个消费群体服务的，因此相对于量体裁衣订作的服装成本要低，顾客群的消费能力也要求价格不易过高，因此要有一个大众化、合理化的价格，以满足顾客需要。

5. 市场化的经营理念

成衣是商品，成衣生产与经营是商品的生产与经营，因此成衣的生产与经营必须了解市场、了解消费者，按市场规律进行经营。充分考虑到市场现状、搞好宣传策划、营销策略等（如图 3-1-6 ～图 3-1-8 所示）。

▲　图 3-1-6　　　　　　　　　▲　图 3-1-7　　　　　　　　　▲　图 3-1-8

三 成衣设计的特点和要求

成衣设计的目的是为了让人穿着，是为消费者服务的，因此成衣的设计必须了解着装对象和市场需求，通过一定的设计过程形成产品，批量生产，满足消费者的需求，从而创造利润。

成衣设计有自己独特的特点和要求。

① 成衣设计需要对各类人群及其服装消费情况进行深入的市场调研和信息收集，只有了解了消费者的真实情况，才能避免为设计而设计的脱离消费者的设计，做到将消费者的思维引入设计中，让消费者参与到设计里来。因此设计师要仔细观察消费者和市场，顺应市场规律设计作品。

② 成衣设计要求设计师了解流行趋势和本地区服装需求状况，找出能在本地区流行的设计元素，掌握成衣设计产品的整体风格和形象，重点突出几个流行因素。

③ 设计要符合批量生产的原则。建立成本意识，设计师在整个服装生产过程中，处于关键地位，由于设计的目的是获得利润，因此成衣的特点要求设计师建立成本意识，合理使用材料和设计结构，降低成本。

④ 成衣设计是规模化、大众化的生产。因此要求设计师了解生产技术和工艺流程。在当今，符合工业化生产的成衣，要求设计师掌握工业化、信息化的制衣技术。

⑤ 依据中国人的体形，生产尺码、型号多样的成衣，以满足消费者。

⑥ 成衣设计的对象是广大消费者，因此要想抓住消费者的心理，使消费者心甘情愿地花钱消费，就要有很强的服务意识，通过服务获得利润，获得再次为他们服务的机会。

⑦ 成衣设计要求设计者了解工艺了解市场，因此需要设计师定期到生产第一线、销售第一线去接受锻炼，真实地感受实践，体会车间和商场的真实场景（如图3-1-9～图3-1-11所示）。

▲ 图3-1-9

▲ 图3-1-10 童装品牌卖场

▲ 图3-1-11 卖场待卖成衣

第二节 成衣的设计程序

一 成衣设计的定位分析

　　成衣设计要满足市场的需求，也就是消费的需求，因此成衣定位是成衣成功设计的前提。充分了解市场、消费心理、企业情况以及设计知识后，就要确立企业成衣设计的定位，找到产品和消费者的结合点，确定产品，达到消费目的。

对服装消费对象的定位分析

① 消费者性别的定位：男装、女装。

② 消费者年龄结构的定位：婴儿装、幼儿装、少年装、青年装、中年装、中青年装、老年装等。

③ 消费者职业的定位：是白领还是蓝领，是室内办公还是室外工作，是体力劳动还是脑力劳动等。

④ 消费者穿着场合的定位：职业装、休闲装、礼服、家居服等。

⑤ 消费者销售区域的定位：城市、农村、南方、北方等。

⑥ 消费者产品类型的定位：针织、毛呢、梭织、棉麻等。

⑦ 消费者文化程度的定位：文化程度的不同，品味会有所不同，因此要充分考虑。

⑧ 消费者生活方式的定位：由于每个人所处的生活环境不同，就形成了不同的生活习惯和生活方式，有的活泼、时尚，有的恬静、文雅，有的注重时尚气息，有的追求文雅大方，要充分考虑这些因素。

二 市场信息的调查与研究

设计定位明确后，就要开始进行市场信息动向的收集和把握，随着经济的发展，人民生活水平的不断提高，人们追求美、追求时尚和个性的兴趣越来越高，因此对服装的要求也是越来越高，在这个挑剔的时代里，对于设计师来说既是挑战又是机会。因此，了解市场、了解流行、抓住信息至关重要。

1. 信息的收集

信息的收集是设计的前提，在今天这个信息时代里，各种信息源源不断，层出不穷。因此在了解信息时候，要准确把握信息的可信度和有用度，利用自己所学的知识武装头脑，理清思维，去粗取精，准确抓住有用的信息，去其糟粕信息。

（1）新闻媒体 网络、电视、报刊杂志是获得信息的最便捷的地方，是服装信息的主要来源渠道，世界各国的流行服务组织和品牌大公司都专门为发布流行信息提供了网站；不少企业通过网络、电视、报纸杂志发布各种信息或者获得大量流行信息；同时设计者还可以通过新闻媒体获得对服装有用的政治、经济、文化、环境保护等方面的信息。

（2）服装市场流行信息 广阔的服装市场是获得信息的最好最直接的渠道。各大商场、超市、专卖店、服装批发市场等聚集了最新和近期的大量服装，这些服装看得见、摸得着，可以给设计者提供最真实、最直观的形象，同时能更直接地反映当前本地域的流行趋势和消费倾向，因此设计师可以广泛调查服装市场，了解流行信息，达到设计目的。

了解了市场，收集了信息，还要进行信息的整理过滤、筛选归纳，找出有用的信息，舍弃掉没有用的资料。

2. 市场预测

（1）社会动向因素　服装的发展离不开政治、经济、文化的发展。国家相关的法律法规、政策导向等；各个行业的相关政策，经济发展的情况，文化的发展状况；各地的人口发展情况，消费者的价值观念；地域城市交通、环境特点等，都可以为设计师提供信息帮助和预测依据。

（2）消费市场研究　通过对服装市场的调查，了解服装在当前市场上的需求量，消费者的消费能力和行为，从而研究目标区域内的消费者的收入水平，消费人口数量、消费心理、文化程度、购买能力等。

（3）市场营销情况调查　通过调查营销情况，了解所要调查的服装产品的内容是否受到消费者欢迎，例如产品的品种、价格、质量、性能、包装、服务等等，同时掌握相关竞争对手的产品、经营状况，了解营销过程中，商家的销售经营状况，例如销售额、信誉度等，预测服装的前景。

3. 流行趋势和信息收集预测

服装流行有一定的特点和规律，是一种不可逆转的社会现象，设计师不但要有超前的创作思维能力，还要把握流行趋势，了解过去的服装流行状况，熟悉现在的流行情况，预测以后的流行动向，观察流行的趋势变化，可以从款式造型、色彩搭配、面料、装饰、工艺等方面考虑，获得流行趋势信息；可以从新闻媒体、报纸刊物、时装发布等方面，由此把握流行，预测流行，成功地定位服装风格。

三、成衣设计的构思完善

通过定位分析、市场调研和预测，结合设计主题和结构工艺，对服装进行整体的全方位的思考把握。

1. 对服装产品风格的思考

通过对服装的款式造型、号型、商标、工艺质量艺术性和科学性的设定与创新，形成了产品的特色和风格。在设计中首先要确定它的设计风格和类型，然后再考虑具体的表达形式，对服装有一个明确的定位，找准设计与需求的接合点，从而确定自己的工作内容和方法。考虑到服装鲜明的时代特色和独特的艺术风格，考虑到人们的审美情趣。要构思它的风格可以考虑如下几个方面。

（1）民族风格　民族风格具有鲜明的民族特色，有很强的区域文化和民俗特征，要充分考虑到国内外各民族生活习俗、传统的服装形式、服装色彩、服饰图案、服装面料、装饰手法和各个地方的禁忌等。中国喜欢大红、印度喜欢绿，中国把龙作为图腾，日本好龟。国内各个民族的喜好也各有不同，都有各自的民族特点和风格；英国的绅士风度、法国的浪漫、美国的简洁与随意、意大利的轻盈与健美等。在设计中要充分将民族风格与现代意识相结合（如图3-2-1、图3-2-2所示）。

▲　图3-2-1　以日本民族传统文化
　　　　　　为主题的设计

▲　图3-2-2　以民族传统文化为
　　　　　　素材的设计

（2）时代风格　各个时代的政治、经济、文化、社会心理的风格不同。如先秦服装的原始与自然、秦汉服装的古朴与大气、魏晋南北朝服装的娟秀、隋唐服装的富丽堂皇、宋元服装的优雅、明清服装的华贵高雅。又如西洋服装中，古希腊罗马服装体现着人体自然的曲线美、文艺复兴时期服装体现着人文主义，还有17世纪巴洛克服装及18世纪洛可可服装的装饰性等，在设计时候要充分考虑当前时代的特征（如图3-2-3、图3-2-4所示）。

▲　图3-2-3

▲　图3-2-4

（3）个人特点和风格　在设计时，要充分考虑到设计师自己独特的审美观念和创作个性，选择好设计语言，运用好设计符号，从而设计出良好的艺术形象，充分表现出设计师丰富的思维个性和鲜明高雅的独特风格（如图3-2-5所示）。

▲　图3-2-5　著名时装设计师武学伟 武学凯兄弟的时装作品

2.确定设计作品的款型

款型是服装设计的表现形态，包括服装的外部形态和服装结构形式特征。人体是设定服装尺寸的依据，因此要充分考虑到人体与服装的关系，要从人体的健康、体型、动作和姿态等方面考虑。服装的款型会体现出不同的风格，不同的廓形会让人产生不同的联想，因此在设计时，可以从廓形上来考虑，H型轮廓清晰，简洁合体，可以体现整体、清纯自然、流畅修长、宽大简洁的风格；X型比例变化明显，装饰较多，节奏感强，可以体现优雅华贵、繁杂华丽、脱俗的风格；A型轮廓清晰、层次繁多可以表现文静矜持优雅稳重的风格；V型挺拔对比强烈，可以表示活泼洒脱、青春活力的风格。

在设计时要考虑到服装的造型。例如主题表现大自然题材的自然形态时，那么款型就要受到大自然的启示，如花、鸟、鱼虫、日月、山川河流等的外型，并由此引起对造型的联想和想象。如果选择抽象形态，就要考虑到是几何形态还是纯粹形态，如果表现几何形态，就要考虑到几何形态是圆形、方形、角形、多边形等，以此展开想象。面料是表现服装艺术最重要的手段，不同的服装面料会体现出不同的服装外观造型。因此可以通过服装的款型体现出服装材料的性质。例如：通过轻薄的面料表现出服装轻柔飘逸的线条造型，产生轻松柔和的感觉；通过厚重的面料表现出服装厚重的线条造型，产生挺括严谨的效果；天然的纤维面料会产生柔和、弹性、天然光泽感，有良好的透气性、吸湿性；化纤材料会产生高强度、耐磨、保暖的感觉。服装工艺是服装设计实现的手段，服装款型设计受工艺的制约和限制，在款型设计的选择上要充分考虑到工艺条件，在体现独特造型的基础上还要具有体现材料美感的服装工艺。

3. 确定设计作品的色彩

色彩是物体所具有的特性，它能让物体产生强烈的视觉效果。例如暖色调和纯正色显得亲近，冷色则给人疏远的感觉，亮色显得膨胀，深色收缩。颜色能令人情绪高涨，也能使人平静。选择好服装的款型后，接下来要确定设计作品的色调，考虑作品的色彩效果。主题的不同，色彩会有明显的不同，服装的主色和强调色能改变主题的整体形象。

服装的色调靠色彩来体现，色彩的确定与所选择的素材有密切关系。大自然的色彩如山川、河流等自然色彩，会给设计师展开联想和想象，丰富主题和色调；绘画、音乐、影视、戏剧、建筑艺术、工艺美术等艺术的色彩会对主题产生深远的影响，服装的色调可以由此产生联想和想象，如古希腊罗马的色彩艺术、古典绘画、印象派绘画等都可以运用到服装配色中；当地的社会现象和民俗风情在确定服装色彩的色调时也起到很重要的作用（如图3-2-6～图3-2-8所示）。

▲ 图3-2-6　同类色调

4. 确定设计作品的面料

不同风格和款型的服装需要不同的材料予以表现，如挺括厚重面料的服装表现稳重端庄，柔和轻薄的面料服装表现柔和飘逸，吸湿透气的面料宜用于夏装和内衣等。面料的不同，显示的色彩效果也不同，因此可以利用面料的肌理效果来表现色彩的效果。要充分考虑到面料的视觉效果、手感效果、性能质地，将其与色调结合起来，体现出作品的风格。

▲　图3-2-7　邻近色调

▲　图3-2-8　补色调

5. 考虑服装生产技术的配合

　　工艺是服装最后成型的一道重要工序，工艺技术的质量高低与否，直接关系到成衣的销售水平和利润。作为服装设计师必须掌握服装技术，只有这样才能从正确的角度进行设计，服装的技术主要包括裁剪、缝制工艺和整烫技术。设计师要充分地掌握服装生产技术与艺术的关系，设计出理想的成衣作品。

6. 成衣设计的构思方法

一般在设计成衣服装时，可以从整体设计和局部设计之间的关系去考虑。

（1）从整体设计入手　根据服装的整体风格特点，考虑到服装的整体造型特征、色调、面料定位分析，逐步使成衣设计形象具体化、明朗化。在结构特征、线条感觉、面料肌理、装饰手法和服饰搭配等方面进行设计，用夸大、分解重构等手法，结合服装艺术的形式美法则进行理想成衣形象的设计。

（2）从局部设计入手　受某个款式、色彩、面料、装饰等的影响，根据设计需要，考虑相关的要素，结合服装的形式美的基本原理，组合成整体服装形象，设计者也可选择一个服装的基本形态，作为构思的方向，合理地表现它。最终形成服装的成衣整体设计。

在设计中，应抓住一两个要素为重点，进行设计。可以以色彩、款型、面料等为重点进行设计。我们不提倡设计重点太多，否则设计要素太多、太平均而显得主次不分、过于凌乱。设计者要考虑到服装系列整体的平衡，图案、面料、装饰是否合理，色彩运用是否协调等（如图3-2-9～图3-2-11所示）。

▲　图3-2-9　　　　　　　　　▲　图3-2-10　　　　　　　　　▲　图3-2-11

四　成衣设计的表现

1. 设计效果图

设计效果图是设计师把创意构思的成衣形象，通过绘画的形式表现在纸面上，使人们可以直观形象地感受作者的设计意图。以绘画的手段着重表现服装造型、色彩配置、面料搭配、分割比例、局部装饰以及整体搭配等。效果图一定要紧扣主题。人体绘画比例要准确，对于头、手、脚的处理要力求简练概括，以突出服装的美感；设计表现技法要以充分表现服装的款型和整体着装效果为目的（如图3-2-12～图3-2-14所示）。

▲　图3-2-12　罗文、许崇岫作品

▲　图3-2-13　朱晓萌作品

▲　图3-2-14　王婷婷作品（指导教师朱晓萌）

2. 款式图

服装款式图在服装设计的过程中很重要，它是在设计效果图的基础上对服装款式结构的具体表现，以线条描绘服装的款式特征，表现的内容包括服装的外轮廓造型和服装内部的款式变化。例如服装外型、正面、背面款式图、省道变化、服装部件变化等。一般用粗实线表示整体轮廓线，细实线表示结构线、装饰线。要求根据需要，线条深浅粗细要准确清晰有变化，比例要准确，整体与局部交代要明确，如衣缝、省道、开衩、衣褶、纽扣、褙裥等。绘画时，注意款式图左右的对称和平衡；同时要注意服装里外的层次感和空间关系；同时款式图是服装板型和缝制工艺的基础依据，因此要注意表现它与服装的结构和工艺的关系（如图3-2-15、图3-2-16所示）。

▲　图3-2-15　礼服裙款式图（谢天作品）

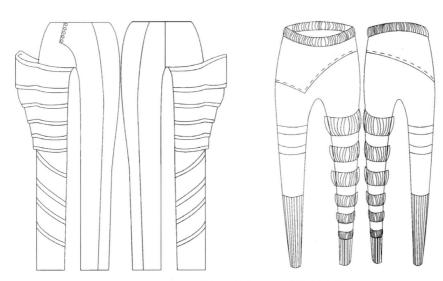

▲　图3-2-16　休闲男裤款式图（谢天作品）

3. 板型设计与裁剪结构图

通过一定的裁剪和板型制作，可以实现设计师的构思，完成设计师的设计效果图的表达。服装结构图是使服装造型设计的构思效果转化为平面的衣片结构，用于检查设计的合理性，为服装工艺提供了样板和裁片实物。在结构设计中要充分了解面料的性能。以便表现服装的造型和线条的处理。如果用于生产，可以通过板型设计师手工打板或者通过电脑服装CAD直接打成1∶1的纸样板型（如图3-2-17所示）。

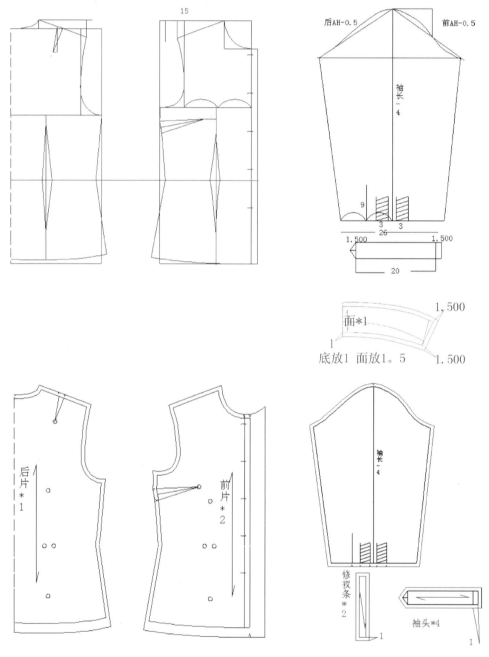

▲ 图3-2-17 结构图

4. 文字说明和面料小样

在设计效果图上要附有文字说明，其中包括设计主题、设计理念、规格尺寸、面料和辅料的小样等。

第三节　成衣设计的工艺程序

一、服装材料的选择阶段

服装材料是设计师实现自己设计意图的重要手段，日新月异的纺织材料为成衣设计提供了丰富的素材，纺织材料的选择是成衣设计的重要环节，随着纺织品的创新与发展，越来越多的面料被应用于成衣设计中。因此在设计时需要很好地把握面料特性，充分了解服装面料的性能特点。

1. 服装材料

纺织材料按照原料可以分为天然纤维材料和化学纤维材料。

（1）天然纤维材料　包括棉、麻、丝、毛、裘皮等，优点是透气吸湿性能好，穿着舒适。

① 棉制品面料：包括细纺面料、绉纱、府绸、卡其、贡缎、牛仔布、灯芯绒等，天然纤维材料手感好、吸湿保暖、没有异味，着色效果好，是很好的面料纤维。

② 麻制品面料：包括亚麻、苎麻、黄麻等，吸湿性强、透气、不粘身，有光泽和弹性，容易起褶皱，适合做春夏时装，也可以做秋季外衣，效果自然大方，天然环保。

③ 丝制品面料：包括桑蚕丝、柞蚕丝等，质感柔和、外观细腻、光泽柔和，悬垂性好，吸湿透气性好，根据丝制品面料特点可以制作礼服、时尚休闲装等成衣。

④ 毛制品面料：包括羊毛、驼毛、兔毛等制品，韧性、伸缩性好，挺括、不起褶皱，富有弹性。其中精纺毛料的特点是表面光洁、质地细腻、手感柔和、褶皱恢复性好，有华达呢、海军呢、哔叽、派力司、马裤呢、凡立丁等，主要用于春秋季节的服装，粗纺面料保暖性好、丰满厚实、表面毛茸，如麦尔登、大衣呢、羊绒、驼绒等，适合秋冬季节的服装。

⑤ 毛皮、皮革面料：性能保暖，手感舒适，高档华贵。是高档的服装材料，毛皮包括狐狸、貂皮、羊皮、狼皮、狗皮等，皮革包括牛、羊、猪、蛇皮等。由于环保意识和动物保护的干预，野生动物毛皮逐渐被人造毛皮代替，现代工艺的运用，使传统的皮草风格发生了重大变化，皮草面料从传统的御寒保暖向时尚的轻薄风格转化。

（2）化学纤维材料　化学纤维材料是指将天然或者合成的聚合物，经过化学和机械加工制造成新的纤维产品。按照加工方法可以分为人造纤维和合成纤维。

① 人造纤维面料：又叫再生纤维，是通过化学和机械加工，把天然的聚合物品制造生

成新的产品。粘胶纤维是其中的一种，人造棉、人造丝织物等就是黏胶纤维，特点是舒适柔软，吸湿性好，染色性好，价格便宜，但是缩水大。

　　②合成纤维面料：通过化学和机械加工，把煤、石油等原料制造生成新的产品。特点是仿天然材料逼真，容易洗剂，快干，不起褶皱，结实挺括，价格便宜，但是透气性差，手感较硬，吸湿性差。主要有涤纶、锦纶、氨纶等。

2. 服装材料的运用与设计

　　材料是服装设计的重要因素，材料的质地纹理、色泽相貌给了人们无尽的吸纳共享空间，了解材质美和材料工艺，会有效地提高自己对材料的审美和运用能力。材料的性能不同，优点、缺点各不相同，因此要充分了解材料特点，才能设计的恰到好处。著名的服装设计师三宅一生就是一个对面料情有独钟的人，每每在设计时就与将要启用的面料相依，感觉它，了解它，熟识面料，设计出独特的三宅服装风格。

　　不同的面料由于有不同的特点，可以选做不同的服装，轻薄的面料质地轻薄通透，适合做礼服和春夏季服装；厚重面料挺括厚重，多用于春秋季的外套；有光泽的面料有光泽特点，适合设计晚礼服和表演服装等。

　　在设计的时候也可以通过面料的结构肌理来设计，纱线的结构不同，肌理也不同，设计师要了解面料的外观、手感、悬垂性，如果面料肌理变化明显，有凹凸、绒毛时，设计的服装款式要简洁，裁剪结构简单，缝制工艺也不要复杂，突出面料肌理特点；如果面料肌理变化不明显，可以发挥装饰表现技法，运用结构设计的多样性、缝制工艺的复杂性和装饰配套的丰富性来达到设计效果。同时可以对服装面料进行新的创新设计，例如刺绣、编织、印染、折裥处理、切口装饰、镶拼等，设计出新奇的作品。

　　面料的选择不但要考虑服装面料特点，还要充分考虑到流行因素、价格因素、工艺难度、物理特点等。同时还要考虑到服装辅料（里料、各种里衬等）、附属材料（纽扣、拉链等）的性能。材料的选择要尽量与作者的设计意图相吻合，考虑到材料价格要与服装的预算成本相符合。

（二）样衣的样板制作阶段

　　制作样板是服装设计重要的一个环节，制作时不但要读懂设计师的效果设计图，还要充分了解国家号型标准，设定所制作样板的成衣规格尺寸，所选面料的物理性能特点、顾客的习惯要求和审美特点等。设定成衣规格尺寸一般是以国家统一服装号型的中间号型为基础，分析设计服装的平面结构裁剪图，运用裁剪技术进行纸样裁剪设计，进行成衣样板的缩放和批量生产。样板裁剪方法有两种，一种是平面裁剪法，另一种是立体裁剪法。平面裁剪法是一种比较常用的方法。立体裁剪法常用于高级时装设计中，有时候平面裁剪法和立体裁剪法结合起来运用。

　　依照科学合理的原则，通过剖析人体与服装的关系，根据服装设计图的具体造型和国家规定号型的具体规格尺寸，依次裁剪出服装各个部分的标准样板，制作出中间号型的成衣样板。

三　样衣制作阶段

在服装标准样衣制作前，首先运用白坯布按照样板裁剪缝制出服装的雏形样衣，服装雏形样衣可以有效地把服装设计图展示成立体形象，服装的雏形样衣依照设计效果图将服装造型具象化，有效地显示服装的实际造型效果，更直观地表现作者的设计意图，给人以立体的、直观的实际造型效果，这是服装设计效果图所无法达到的。在服装雏形样衣的制作过程中，可以发现服装设计效果图中不完善的地方，及时进行修订和调整，有意识地补充和完善其设计效果。同时研究设计服装造型内部各个局部之间的具体结构，调整好服装内部结构之间的关系和局部结构与服装整体造型之间的关系，例如领子、袖子的处理，袖子的裁剪和缝制是否与整体风格相统一等。

服装的雏形样衣制作好后，可以进行服装样衣的制作了。样衣是服装公司制作批量产品的参照物品，同时又是公司向客户介绍产品的范本，是批量生产时检验产品是否合格的依据。制作时首先将样品布料按照服装样板的尺寸裁剪出实际所用面料和辅料，然后再根据款式特点选择合适的缝制工艺流程，进行样衣各个部件的缝制，最后完成成品。服装样品的缝制要注意许多问题，例如：成衣样品的尺寸是否规范、工艺流程是否合理、精细，样衣的成本核算、消费者的审美需求、服装材料的特性、缝纫设备的选取等。只有在成衣样品的制作过程中考虑详细周全，才能使以后批量生产的产品质量过硬、赢得市场。

服装样衣制作完成后，可以通过销售渠道来获得市场的反馈信息和有关意见，进行服装样品的认同验证，修正样品的不合理部位，直到消费群满意为止。

四　成衣的批量生产阶段

1. 服装工业样板的制作

完成成衣样板之后，依此为基样进行适合批量生产的成衣工业样板的制作，按照国家标准规格档差进行推板设计，制作出系列服装工业样板。

现代化的成衣设计制作，已经离不开计算机的技术了。服装CAD系统的运用大大提高了服装工业制板与推板的效率。服装CAD系统可以使设计师利用绘图光笔、图形输入板等绘制服装款式、选配面料、色彩搭配等，更重要的是进行服装的打板推板工作，同时还可以进行自动排料，有效快捷地完成服装放码、缩码、样板检修、排板、排料等工作。服装CAD系统还有自动裁剪的功能，通过电脑完成排料图，并自动切割裁片（如图3-3-1～图3-3-5所示）。

2. 服装生产工艺设计

根据设计要求、规格、数量进行服装生产工艺流程的设计，最后进行服装的批量生产。

▲ 图3-3-1 CAD设计室

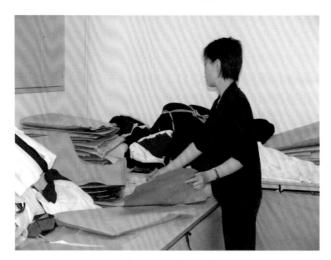

▲ 图3-3-2 板型设计室

▲ 图3-3-3 拉布车间

▲　图3-3-4　缝制车间

▲　图3-3-5　后整理车间

五、服装展示与营销阶段

　　完成服装成衣的批量生产后，首先要进行服装宣传工作，先把号型齐全的成衣产品，通过新闻媒体、视频网络、报纸杂志等进行广泛宣传；通过服装展示会进行动态或者静态展示宣传；通过专卖店等销售渠道和营销方式将产品推向市场，接受客户订货。提高产品知名度和销售数量。达到企业的营销目的（如图3-3-6所示）。

▲　图3-3-6

思考与练习

1. 成衣设计的定位分析。

2. 以某产品为目标进行市场调研，写出调研报告。

3. 进行成衣设计的模拟训练，设计出一个系列的春夏或者秋冬季服装。

第四章 成衣的分类设计

对成衣进行分类是设计工作的第一步。为了更好地进行系统设计，针对不同消费群进行定位，也就是给设计工作一些限定和创作依据，设计师和企划主管需针对某一季、某一特定品牌的风格和所对应的目标人群进行定位。成衣的分类方法有多种，有性别、年龄、材质、季节、风格、历史、民族等分类方法。企业或一个品牌可能只针对某一种（有时是几种）分类方法。

在设计行动前对成衣进行分类是首先考虑的要素。下面就常用的几种分类类别的设计要领进行一些介绍。

第一节　礼服设计

礼服是一种特定的服装，一般在参加社交礼仪活动时穿用，如参加婚礼、葬礼、庆典、晚会、舞会、宴会等场合时穿着。礼服从形式上可分为正式礼服和非正式礼服；从时间上分晚礼服和日礼服。随着我国人民生活水平的提高，对穿着质量的要求越来越高，人们的社交活动也相应地增加，礼服日益受到人们的重视。由于穿着的场合和时间有一定的限制，礼服在设计和着装方式上具有很强的规范性，服饰配件的使用和搭配方法也要相应。礼服分男式礼服和女式礼服。如图4-1-1所示。

▲　图4-1-1

一 男式礼服

男式礼服一般指西方传统的礼服，款式固定，穿用场合和配件搭配有一定的礼仪规范性，讲究面料、裁剪及做工。

1. 正式礼服

（1）燕尾服 燕尾服也称晚礼服，指18点以后穿的高级礼服。是王室、宫廷、国家元首在国家级的仪式或典礼上穿用的正式礼服，西方国家的夜间仪式、正式的宴会，大型古典音乐演奏会上的指挥、演奏家和歌唱家也常穿这种礼服。燕尾服的样式为上衣前襟长至臀上部，后片长而呈燕尾状，在腰部以下开衩。驳领采用丝瓜领或半剑领，左右各有三粒装饰扣，呈双排扣形式。颜色以黑色或深色毛料制作，领面加一层绸缎。燕尾服与西裤、白色前胸缀褶裥的衬衫、白色缎面背心和白色领结配套穿着，手套亦为白色，黑色皮鞋、黑色袜子，上装口袋的装饰方巾为白色麻质面料，衬衫门襟上的纽扣与袖口上的装饰扣常以珍珠为之。燕尾服的穿用是约定俗成的配套形式，设计上具有一定的约束性，设计师应对这类服装的穿着礼仪进行了解。

（2）晨礼服 晨礼服是男士白天穿着的正式礼服，参加各种仪式、结婚典礼、告别酒会、丧礼时穿着。晨礼服以黑色礼服呢面料制成，领子为饬驳领，前片一粒扣，往下直至后片呈弧线造型，后片与燕尾服相同 。裤子为黑灰相间的条纹面料制成且裤脚无翻折边，背心与上衣面料相同，衬衫为白色普通型，领带以黑色条纹或银灰色为主（丧礼用黑色领带），手套用白色或灰色（丧礼用黑色或灰色），皮鞋和袜子为黑色。口袋装饰巾用白色绢。袖口装饰扣采用珍珠、宝石或纯金。晨礼服与女性的午后装性质相同。如图4-1-2～图4-1-3所示。

▲ 图4-1-2 晨礼服的配套（一）

▲ 图4-1-3 晨礼服的配套（二）

▲　图4-1-4　准礼服的配套

2.准礼服（如图4-1-4所示）

（1）晚会用准礼服　也称半正式礼服、塔士多礼服，是夜间的社交用服，适宜宴会、舞会、鸡尾酒会、音乐会、婚宴等场合穿着。晚会用准礼服为西装形式，单排或双排扣，驳领为丝瓜领或剑领，裤子用黑或深蓝色，与上衣面料相同的背心，面料用礼服呢，夏季可用白色织物，近年来背心常被省去，以丝绸制成的装饰腰带（也叫腰封）代替，色彩与领带相同。

（2）套装　即黑色双排扣或单排扣西服套装。原不属于礼服范畴，但常被人们作为需穿礼服的场合代用，又称代礼服。在对服装没有指定的情况下，穿黑色套装都合适。面料以纯毛为主，上衣用饿驳领单排一粒扣或双排扣样式，纽扣如果是两粒只扣上面一粒，双排六粒只扣两粒，其他作为装饰。配饰与晨礼服相同。

随着社会的进步，生活方式的改变，传统的西服套装也在不断改进，套装的穿着范围更加广泛，除代替晨礼服、晚会用准礼服、结婚礼服、宴会服、聚会服、丧礼服外，也适用于一般场合穿着，成为男子必备的服装。

（二）女式礼服

女式礼服与男式礼服最明显的区别是女式礼服更注重款式及风格的变化，更强调女性的性感、优雅或豪华。分婚礼服、夜礼服、宴会服、鸡尾酒会服、丧礼服等。

礼服作为社交用服体现出优雅浪漫、精细华美、富丽高贵及独特的艺术风格，往往能体现设计师的艺术水平，现代礼服设计从传统的连衣裙式样和较单一的面料中解放出来，各种新材料和不同质地的面料混搭，套装和裤装也同样用于礼服的设计中（如图4-1-5、图4-1-6所示），使礼服更加丰富多彩。

▲　图4-1-5　女式礼服丰富多彩

▲　图4-1-6　套装和裤装的形式

1. 礼服的造型设计

礼服的造型主要是指礼服的轮廓线，轮廓线能给人以深刻的视觉印象，是人们在长期的服饰文化进程中积累和发展起来的，礼服的造型离不开人体的基本型，并且受流行时尚的影响而不断变化。礼服的造型基本可分为以下几种。

（1）S型　具有西方情调的古典风格的礼服多以这种廓型为主，一般要加裙撑，以起到夸张裙裾的围度，增加裙子的膨胀感。这种造型的裙子往往要增加裙摆的长度，强调配饰（如考究的头饰或帽子、精巧的手袋与鞋）和讲究装饰性，在高贵典雅中透出一股怀旧感。

（2）X型　这种造型的礼服腰部十分贴体，往往夸张肩部（在袖山处打褶，使袖子有蓬松感）和裙摆（裙子多使用褶裥或波浪来增加量感），使整个服装的外型呈现出"X"造型。如图4-1-7所示。

（3）A型　这种造型的礼服其造型特征是肩部收紧服帖，胸围合适，腰部收紧，下摆张开，呈"A"形外观。能表现出女性的曲线美。如图4-1-8所示。

（4）自然流畅型　这种线形以强调女性的三围为主要特征。从肩部、胸部、腰部、臀部到下摆都十分合体，线形随人体的围度变化而自然流畅地变化，最具女性魅力，这种线形一般不会受流行的左右，似乎永远都在流行的主题中，是经典的线形。如图4-1-9所示。

（5）鱼尾型　这种造型上部与自然流畅型相似，只是下摆部收紧后再张开，呈传说中美人鱼的尾部一般，这种线形优美、性感，能较好地体现女性的高贵典雅，对体型要求也较高。如图4-1-10所示。

（6）H型　H型礼服的主要特征是胸、腰、臀、下摆等部位同样宽窄，侧缝线基本呈直线造型，造型较简洁。如图4-1-11所示。

▲　图4-1-7

▲　图4-1-8　A型轮廓具有典型的女性特点

▲ 图4-1-9 自然流畅的造型是礼服常用的手法

▲　图4-1-10　鱼尾型造型彰显女性的婀娜

▲　图4-1-11　舒适自然的H造型

　　除了以上几种礼服的主要形式外，礼服还有许多不规则造型手法。现代礼服已呈多元化趋势，造型和用料不拘一格。

2. 礼服的面料

　　礼服的面料与款式紧密相连，其材质、性能、色彩、图案等均与不同功能与款式的礼服相配合，如光泽型面料因表面光滑、能反射出光泽，常用来制作夜间礼服或舞台演出服，以取得灿烂夺目、华丽、闪烁的效果。这类面料大多为缎纹结构的织物，其光泽因材料和织物经纬密度的不同而有所区别。真丝绉缎光泽柔亮细腻而饱满，质地华贵，可用于高级晚礼服的制作；人造丝与化纤类软缎的光泽亮度强，但光感冷硬，不够柔和，一般作为舞台演出服的用料。挺爽型面料主要有中厚型的毛料、锦缎、塔夫绸及云纹绸等，利用这种面料设计的礼服具有轮廓丰满清晰、合体鲜明的特点，礼服中的套装常采用毛料、锦缎；欧洲传统的夜礼服常以塔夫绸、云纹绸等面料制作，以取得优良的塑型效果。毛皮用于礼服的设计能增添奢华感。蕾丝及透明型面料由于其质料轻薄通透，具有朦胧神秘的效果，常用来设计婚礼服和高级礼服，而且往往与其他的面料相配合，以获得最佳的艺术效果（如图4-1-12所示）。为了迎合年轻一代的着装品位，符合现代社会年轻化趋势的时代风格，许多设计师摒弃传统观念，礼服设计常采用多种面料混搭，牛仔布也登上了大雅之堂，用于礼服的设计中，如加利亚诺把镶着刺绣、珠片和毛皮的牛仔裤用于出入高级场合的礼服，当然其奢华和极致工艺的隆重程度绝不亚于一件小礼服。

▲　图4-1-12　Oscar设计的蕾丝礼服款式简洁

3. 礼服的装饰

　　礼服的设计离不开各种装饰手法的运用，许多价值昂贵的礼服常使用钻石、珠宝及各种造型的饰物为其提高身价，以精心别致的点缀来打造高贵华丽、美轮美奂的艺术效果。礼服常用的装饰手法有：刺绣、钉珠、抽纱、镂空、镶边、抽褶、制作绢花等。另外，礼服的装饰与手袋、头饰等也是密不可分的，合理的搭配会令礼服的穿者更加光彩照人。如图4-1-13、图4-1-14所示。

▲　图4-1-13　帽子、手袋、首饰等装饰为礼服增添了高贵气息

▲　图4-1-14　礼服离不开配饰的衬托

4. 礼服的工艺

礼服的工艺较复杂，一件完美的礼服必须有精致考究的缝制工艺才能体现出其艺术性与技术性的完美结合，才是一件成功的礼服。巧妙的设计构思必须与精湛的工艺想结合，工艺是礼服设计的重要组成部分，有时设计的灵感来源于工艺，借助工艺手段实现礼服的设计，如通过立体裁剪的方法进行构思设计与结构的表达，进而转化成平面的裁剪方法，以实现礼服的款式造型。礼服的缝制方法也很重要，如上面提到的装饰手法：刺绣、钉珠、抽纱、镂空、镶边、抽褶、制作绢花等都是礼服制作的重要手段。如图4-1-15、图4-1-16所示。

总之，一件完美的礼服是由多方面的因素组成的，是艺术与技术的完美结合。

▲ 图4-1-15 Krizia的设计作品

▲ 图4-1-16

第二节 职业装设计

职业装是指能表明职业特征的工作服装，根据职业装的特点、功能和市场状况可分为两大类型：职业时装和职业制服。

一 职业时装

职业时装一般指具有时尚感和个性又能用于办公和多种社交场合的个人消费的服装。

职业时装又可分为职业男装和职业女装。

　　男职业时装大多采用比较经典的款式，主要以西装配衬衣领带为主，随着现代生活方式和科学技术在服装领域的广泛应用，男装发生了巨大的变化，从正式趋向于休闲，各种新型面料、辅料和工艺技术与西装的造型、细部的变化相结合，设计出多种形式的男装。从厚型发展为薄型，变得轻便。搭配方式也灵活多变，除了与硬领衬衣搭配，还可与T恤衫等相搭。造型上重视创意性。色彩也由传统的暗色系逐渐发展为较柔和的灰色调及各种深浅不同的色彩系列。总之由原来的硬挺变为柔刚的风格设计，更多地采用较为人性化、悬垂性能好、款式简洁自然、宽松柔软、具有亲切感的设计风格。如图4-2-1所示。

　　女职业时装的特点是体现端庄、高雅、干练和充满自信的形象，主要以合体的造型、中性的色彩、时尚的面料和细节的变化为主，现代职业女装的设计简约合体，避免过于时髦、夸张、过肥、过瘦、过于鲜艳的色彩和过于繁琐的装饰。职业女性尤其是白领阶层对生活质量要求越来越高，对个性追求也越来越强烈，穿着观念也更强调个性、高品质，所以职业女装正趋向高级成衣化。如图4-2-2、图4-2-3所示。

▲　图4-2-1

▲　图4-2-2

▲　图4-2-3

二　职业制服

职业制服是指从事某种活动或作业时，为统一形象，提高效率和安全防护而穿着的特制的服装。制服多由主管部门统一发放而非个人购买的不考虑年龄差异的实用装。

1. 制服的分类

职业制服按穿着对象的职业特点，身份地位的不同，可分为白领制服，蓝领制服、粉领制服。

白领制服是指具有较高文化层次和经济收入从事脑力劳动者所服用的制服，这类制服直接关系到企业社团的形象，能反映一个企业或社团的经济实力，精神风貌，管理水平等，因此白领制服多是比较经典稳重又具有时尚美感的较为高档的制服。如图4-2-4所示。

▲ 图4-2-4

　　蓝领制服是指从事体力劳动者所穿的制服，此类制服一般数量较大，防护性能要求较高，专业性也较强。一般采用较为宽松的上衣，拉链式多口袋的衣裤或连身裤以便装工具，色彩上根据工种不同采取不同的色相。如图4-2-5所示。

▲ 图4-2-5

粉领制服一般指服务类女性的服饰，也包括男性服务员的服饰。如酒店、美容院、餐厅、导购、娱乐等行业的女性常穿此类制服。这类服装多为色彩鲜艳、款式变化较丰富、容易辨认等特点。如图4-2-6所示。

▲ 图4-2-6

另外，随着人类活动领域的开拓，社会生产的进步和科技的发展，对服装的功能性要求越来越高。某些在特殊环境下工作和生活的人对服装的要求除基本的隔热避暑、御寒保暖功能外，还应具备某些特殊功能，如防火、防水、防辐射、防低压等，这样就产生了特种功能服装，特种制服即属于这类服装。特种功能服装指用来防护专业人员在特殊环境下正常作业和生命安全的服装，这类服装的设计主要考虑功能性和特殊材料的使用。不同行业的服装具有不同的功能，除地面作业外，还包括高空宇宙探索、深海作业等。特种制服的专业化非常高，特殊材料的使用体现了科技与服装的紧密结合。如图4-2-7、图4-2-8所示。

职业制服由主管部门统一制定发放，但不同性质特点的行业其市场组织形式也不同。分国家限制市场和非国家限制市场。国家限制市场由国家主管部门统一设计选定，生产制作也由国家选定的生产厂家承担，如军服、公安系统制服等。非国家限定市场可由企业参与竞争，根据行业特点进行设计、制作，参与竞争的核心焦点以其设计水平、制作质量、价格和品牌形象为主。这类市场主要是服务业（宾馆、娱乐、商业、美容等）、文教卫、体育、金融、管理及各种特殊职业（消防、潜水、宇航）的制服。如图4-2-9、图4-2-10所示。

2. 职业制服的设计要点

职业制服的设计要针对不同的行业了解其特点，掌握其设计要领。

（1）标识性与系列性 现代企业竞争相当激烈，为了在市场中立于不败之地，企业在竞争中采取各种手段提升其形象。运用CI（Corporat Identity）视觉识别系统设计的职业制服为推广企业形象起到了重要作用。CI视觉识别系统的基本内容是：企业的名称、品牌标志、标准色、标准字体、图案徽标等形象符号，这些符号标识使消费者直接感悟到企业的信息，并形成固定的信号储存。如中国联通的标识，麦当劳快餐等。

▲　图4-2-7　防水服

▲　图4-2-8　防菌服

▲　图4-2-9　神六宇航员的宇航服（左），在进入太空舱后可脱下身上近10千克的宇航服，
换上操作服（右）

▲ 图4-2-10 运动服

　　职业制服的标识性使企业之间有明显的识别，企业内部不同的岗位、性别、身份、工种之间也有严格的区别，所以这就要求设计时把握好制服对外的统一性，对内的区别性，要形成系列性，各部门的制服设计应围绕一个主题展开，统一在标准的CI系统中。在一个较大型的企业中往往一个大系列中包含多个小系列。职业制服应具有完整的标识系统，系列感较强，从头饰、衣饰、标识图案到款式造型、色彩搭配、面料质地等都有一整套严格的配套系列才是成功的职业制服设计。

（2）功能性　职业制服尤其是工装类制服对功能性要求较高，不同产业的工装有不同的功能性要求，通常运用面料、色彩、配件等与款式造型相结合来达到企业功能性要求，有的制服要求面料具有防水、防酸、防油、隔热、透气、保暖、耐磨等性能上的特点。对色彩也有不同的要求，反光材料通常用于夜行交警服的设计，以吸引行人车辆的主意。款式设计中注意不同工种的作业服其口袋、领口、袖口、裤口、下摆等处的处理不同，要有行业特点。

（3）经济实用性　经济实用性是职业制服的基本要求。职业制服的设计要在款式材料结构处理方面精打细算，在满足基本美感和功能性的基础上尽量降低成本以达到经济实惠的目的。

第三节　休闲装设计

休闲装是指随着现代生活方式的变化而产生的一种具有穿着舒适、便捷、时尚、富有个性的服装。是都市人在繁忙的工作和紧张的生活中追求自然、渴望悠闲的生活方式的表达。同时也是表达个性，体现个人品位的装扮。是现代人不可缺少的服饰。休闲装的适用范围越来越广，各种风格的休闲装正日益受到人们的青睐（如图4-3-1、图4-3-2所示）。按休闲装的穿着场合大体可分为三类：运动类休闲装、时尚类休闲装和职业类休闲装。

▲　图4-3-1

▲　图4-3-2

一 运动类休闲装

运动类休闲装是从运动装中演变出来的，是将职业运动装的元素运用到设计中，使其适用于人们的户外运动。如进行体育锻炼和外出旅游穿一身轻便的运动休闲装可以使人充分地放松自己，融入到自然中，享受运动和休闲的乐趣。这类服装融运动与休闲功能于一体，款式主要有运动套装、夹克衫、休闲裤、连帽套衫、T恤、运动鞋等。常采用的面料有纯棉、涤棉和各种新型化纤面料，具有透气、保暖、防水、牢固、色彩鲜明、对比强烈等特点。其款式特点是宽松、有拉链、内部结构线较少、缉明线等。根据运动类型常配有背包、帽子、手套、太阳镜等配件。如图4-3-3、图4-3-4所示。

▲ 图4-3-3 运动类休闲服

▲ 图4-3-4　高尔夫运动服

（二）时尚类休闲装

这类服装是紧跟时尚潮流的，较前卫的休闲装。是年轻人张扬个性、展示自我的主要着装，适用场合较多，拥有大量的消费群体。是逛街、购物、娱乐、会友，甚至有些款式也适用于上班时（一般不用于会见客户）的装扮。如图4-3-5～图4-3-7所示。

▲ 图4-3-5

▲ 图4-3-6

▲ 图4-3-7

时尚类休闲装的设计元素很多，风格多样，古典的、现代的、前卫的、民族的、田园的；面料使用范围广泛，除传统的棉、毛、麻、涤外，较多采用新型的在后加工工艺上有较高技术含量的面料，这些面料花色品种多，具时尚感，设计空间大，能充分发挥设计师的才能。各种牛仔面料的使用在时尚类休闲装中应用广泛。另外，时尚类休闲装是体现个性的服装，许多设计空间可以留给穿者自己，如款式上、色彩上的搭配，不同风格的单品混搭也能产生令人意想不到的效果。如图4-3-8、图4-3-9所示。

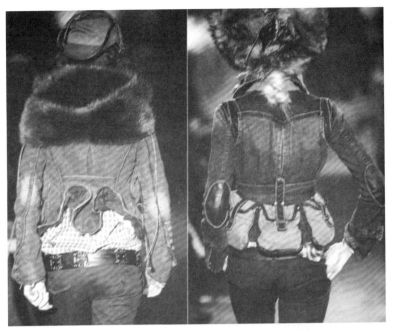

▲ 图4-3-8

▲ 图4-3-9

三　职业类休闲装

　　职业类休闲装是既有一般时尚休闲装的特点，又具有适合职业穿着特点的服装。现代职业装已不再是单纯的传统意义上的制服类服装，在讲究严肃、认真、优雅、稳重的同时，注入一些轻松、随意、时尚的个性元素。款式简洁、线条流畅、时尚优雅、轻便、色彩素雅的套装、短裙、外套、休闲裤、牛仔裤等均属这类服装。这类服装一般适合于白领阶层、IT业及工作性质较为自由的行业。面料以天然的棉、毛、麻及各种混纺织物为主，图案素雅、大气。如图4-3-10～图4-3-12所示。

▲ 图4-3-10

▲ 图4-3-11

▲　图4-3-12　职业类休闲装既严谨又舒适随意，是较能体现个性的装扮

第四节　内衣与居家服设计

内衣设计

　　内衣是与人体接触最为密切的服装，现代内衣是人们尤其是女性衣着的主要内容，内衣体现了人们对自身美的渴求，它集功能性与审美性于一体，成为时尚的重要组成部分。与其他类服装相比，内衣设计对人体的把握更准确，对工艺技术要求更高，对材料的使用也更讲究。

　　内衣可分为贴身内衣、修整内衣和装饰内衣。

　　（1）贴身内衣　贴身内衣是广泛穿着的内衣形式，也即基础内衣，具有保暖、吸汗、透气、托护、保持外衣清洁干爽的实用性功能。主要形式有：背心、内裤、棉毛衫、棉毛裤等。面料采用纯棉针织物、丝织物为佳，色彩淡雅，造型简洁、结构合理、工艺精良、装饰精致而不繁琐。如图4-4-1所示。

　　（2）修整内衣　又叫补整内衣，一是以修饰改善人体某些部位的缺陷或使其更加完美为主要目标的内衣，如胸罩、束腰；二是修饰衣服的外轮廓，起烘托、衬垫作用的裙衬。如图4-4-2所示。

　　胸罩具有保护女性胸部的作用，免受外部的冲击、压迫和因运动而引起的颤动。胸衣的种类划分较细，不同的年龄段、不同的用途和不同的体型有不同的设计风格。如少女胸罩、哺乳期胸罩、运动胸罩等。胸罩的设计常以罩杯的杯型来划分，有全杯型、半杯型和3/4杯型，如胸大者多以全杯型和3/4杯型为主，胸小者以半杯型和3/4杯型为主。同时要考虑不同的风格其内部材料也会有所不同。胸罩的设计不仅要美观，体现时尚潮流，更重要的是舒适性、保护性、修整性与时尚性的完美结合。如图4-4-3所示。

▲　图4-4-1　贴身内衣

▲　图4-4-2　随着人们生活水平的提高，
修整型内衣具有广阔的市场前景

▲　图4-4-3　胸罩是女性基本的内衣

　　束腰是一种紧身短裤式的内衣，具有保持腹部、臀部、大腿部线条的优美，起平整线条的作用。束腰有短裤型和高腰型两种，色彩与胸罩相同。另有一种将胸罩与束腰连在一起的束腰，可使胸、腰、腹、臀和大腿部位的线条得到整体的补正，但其设计难度相对较大。

　　衬裙也是一种起修整作用的内衣，可配礼服或连衣裙时衬在里面穿，连胸罩式衬裙一般适宜于透明外衣或紧身外衣内穿着，面料采用柔滑的真丝或仿真丝。也有的衬裙根据裙子的造型（如下摆膨胀或有特殊造型的裙子）设计成裙撑，有灯笼式、层叠式，制作材料为硬挺的纱类织物，许多婚纱礼服用裙撑来增加效果。

　　（3）装饰内衣　具有较强的装饰性，造型独特、色彩强烈，注重于个性表现，以具有一定的性感或诱惑力为特征，属欣赏性的内衣。随着近年人们的审美意识的增强和内衣文化的发展，调整性内衣、基础性内衣与装饰性内衣已经有了完美的结合，集功能性与审美性于一体的内衣设计正受到人们的普遍欢迎。

　　随着现代生活的变化，把内衣露出一截，或干脆将内衣穿在外面，内衣外穿现象越来越普遍，人们不再视内衣为见不得外人的衣着观念，这为设计者提供了更为广阔的设计空间，在设计上更为灵活，形式越来越多元化。如图4-4-4所示。

　　内衣的选料要舒适、美观，各种辅料（填充物与蕾丝等）的选用要符合安全卫生的原则。

▲　图4-4-4　内衣外穿的设计

二　居家服设计

居家服是在日常生活中于室内穿着的便装，其款式特点是宽松舒适、造型简洁、便于穿脱，以柔和淡雅的花布或朴素的格子布为主要面料。居家服的主要形式有：家庭便服、睡衣、睡裙、睡袍、浴衣。

（1）睡衣　睡衣为上衣、下裤分开的套装形式，以宽大舒适、结构简单为佳。采用嵌线、滚边、绣花、抽褶等工艺手段进行装饰。质地以纯棉等天然纤维为宜。

（2）睡裙　睡裙为连衣裙式，长度不一，袖子可有可无，亦长亦短，款式宽松、优雅，常采用抽褶、打褶等手法使裙身宽松舒适。常在领口、袖口、裙摆饰以蕾丝花边或荷叶边，在胸前、裙子靠下摆处绣花，以增添睡裙的秀美。面料采用印花纯棉布或真丝制作，色彩以淡雅、素净为主。如图4-4-5所示。

（3）睡袍　又称室内衣、化妆衣、整装衣，是晚上睡前休息或早晨起床后进餐时所穿的衣服。款式自由宽松，便于穿脱。

（4）浴衣　是沐浴后所穿的长袍，宽松、门襟相叠、腰间以带系束、衣长至足踝或小腿或膝部，领襟一般为青果领。用料一般为毛巾布。

（5）家庭便服　居家从事家务劳动时所穿的机能性强、方便服用和管理的衣服。

居家服根据季节不同，功能不同，用料不同，还可设计出不同的款式，在色彩、图案、装饰等方面也有许多设计点，可以创造出较有个性的装扮。

▲　图4-4-5　素雅的睡裙，表现出女性的柔美

第五节　童装设计

　　童装一般指从婴儿到少年期穿的服装，这一阶段是人发育、成长的最关键阶段，也是服装变化最大的时期。因此，童装设计肩负着培养儿童的意识、习惯和审美等素质的使命，在服装设计领域占有独特的地位。要设计好童装，必须了解儿童各个生长发育阶段的生理和心理特征，了解父母的心理，用父母般的感情与爱心去设计、美化儿童的形象，对不同成长期的着装进行定位，因此掌握儿童的特征是童装设计的首要工作。这一时期的童装设计在追求舒适、美观、方便、经济的基础上，对童装个性化、时尚化、品牌化、系列化的设计已成为发展的必然趋势，对童装的设计提出了更高的要求。如图4-5-1所示。

▲　图4-5-1　童装的设计要适合儿童的天性

一　儿童的生理与心理特征

　　儿童期指从出生到16岁这一年龄段。根据其生理和心理特征的变化，一般分为婴儿期、幼儿期、学龄前期、学龄期和少年期等，各个时期的生理与心理变化较大。

1. 婴儿期

　　从出生到1周岁为婴儿期，这一时期是婴儿身体发育最显著的时期，出生3个月内身高可增加10cm，体重可成倍增加。1周岁时，身高能增加1.5倍，体重能增加3倍。在此期间，婴儿的活动机能逐渐增强，翻身、爬、坐、站立、学走路等。如图4-5-2所示。

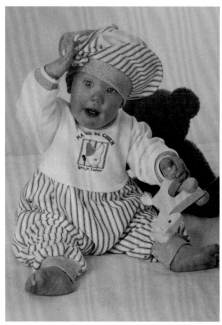

▲　图4-5-2

　　刚出生的婴儿基本是在睡眠状态，3个月时每天有60%的时间是在睡眠，6个月时每天有55%的时间在睡眠。这一时期的特点是睡眠多、发汗多、排泄次数多、皮肤娇嫩、身体增长迅速，对色彩感知较弱。性别差异小。如图4-5-3所示。

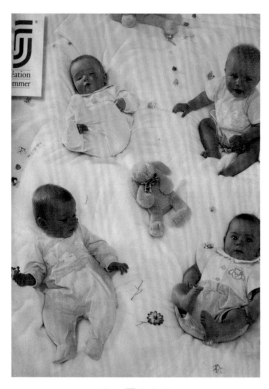

▲　图4-5-3

2. 幼儿期

　　1～3岁为幼儿期。这一时期的孩子身高和体重都在快速增长，体型特点为：头大、颈短、腹凸、上身长。开始认识外部世界，渐渐学会走路和说话，具有模仿能力，对醒目的色彩、形体和有动感的东西极为关注，喜欢游戏。如图4-5-4所示。

▲　图4-5-4

3.学龄前期

4～6岁为学龄前期。这一时期的孩子身高增长较快，围度增长较慢，4岁前，身高会超过100cm，为出生时的两倍。4岁后，身高为5～6个头长。体型特点是挺腰、凸肚、四肢短、肩窄，胸、腰、臀三围尺寸差距不大。这个时期的孩子智力、体力发展较快，具备一定的语言表达能力，喜欢户外活动。能接受教育和吸收外界事物，许多家长在这时开始让孩子学习音乐、美术、舞蹈等，培养其艺术素质。男女童之间也出现了性格上的差异。如图4-5-5、图4-5-6所示。

▲　图4-5-5

▲　图4-5-6　男孩与女孩的服装呈现出不同的款型

4. 学龄期

　　6 ～ 12岁为学龄期。也即小学阶段。这一时期孩子的身高达到头长的6 ～ 6.5倍，体型变得匀称，凸肚现象逐渐消失，腰身显露，四肢渐长，尤其是腿长增长快。孩子的运动机能和智力发展非常显著，频繁的集体生活使孩子的活动范围从家庭转向学校，生活变成以学习为中心，逐渐脱离幼稚感，对事物有一定的判断力和想象力，多数孩子性格越来越活跃。如图4-5-7所示。

▲　图4-5-7

5. 少年期

　　13 ～ 16岁是少年期，也是青春期阶段，身体和精神发育明显增长，性征开始出现。女孩胸部开始发育丰满，臀部脂肪开始增多，胸、腰、臀出现较大差异；男孩肩部变平变宽，身高、胸围和体重也明显增加。由于生理上的显著变化，引起心理上的波动较大，很注意身体的变化，情绪不稳定，易产生逆反心理，喜欢表现自我，强调个性，引人注意。如图4-5-8所示。

图4-5-8 ▶

二　童装的分类

　　童装按衣着功能可分为两大类，即内衣和外衣。按穿着场合分为居家服、校服、日常服、礼服等。此外，还有与此相配的服饰品。

三　童装的设计

1. 婴儿服的设计

　　婴儿服装一般无性别差异，可分为罩衫、连衣裤、睡袍、斗篷等。由于婴儿期缺乏体温调节能力，发汗多，睡眠多，排泄次数多，皮肤娇嫩，因此，婴儿服的设计必须注意卫生与保健功能。

　　款式力求简洁，一般为平面造型，以方便舒适，易于调节放松量为佳，以适应孩子的生长发育。由于婴儿睡眠时间长，不能自己翻身，皮肤又娇嫩，所以衣服应尽量减少不必要的结构线，如腰节线和育克的设计不要用于婴儿装的设计，也不宜使用松紧带，以保证衣服的平整，减少与皮肤的摩擦。婴儿的颈部很短，以无领结构为主。袖子一般连裁以减少辑缝线，可设计的稍长些，或设计手套以免手抓伤面部，同时又能保暖。

　　婴儿服的开合在设计时十分重要，婴儿的生长特点使其呈长时间仰卧姿势，开合门襟宜开在前面，扣系采用柔软的带子，尽可能不使用或少使用纽扣和装饰物，以免划伤或误食。但连身裤的门襟开合处一般使用纽扣，为了方便更换尿布要开合得当。如图4-5-9、图4-5-10所示。

▲　图4-5-9　裆下的开口方便换尿布　　　　▲　图4-5-10

婴儿装宜采用透气性好的纯棉面料，刚出生的婴儿对色彩的感知较弱，色彩以白色或浅色为主，而深色、艳色易脱落，对皮肤易造成伤害。无论是面料、系带、扣或装饰都应选择无毒、无害的材料。

婴儿的服饰品有帽子、手套、袜子或软布鞋、围嘴等。

2. 幼儿服的设计

幼儿的体型特点是头大，颈短，肩窄腹凸，四肢短粗。幼儿的活动频繁，因此幼儿服的设计应注重整体造型，款式要适度宽松，以便于活动。轮廓用方形、A字形为佳。如女孩的上衣或连衣裙在肩部、前胸设计育克、细裥、抽褶、打缆等，使下摆张开，遮盖凸出的腹部，同时这种款式又显得可爱、活泼。幼儿装还常采用背带式设计，如背带裤、背带裙，这样的造型结构有利于幼儿的活动，使玩耍时裤、裙不至于滑落下来。

幼儿服的结构还应考虑实用功能，幼儿的颈短，领子的设计宜简洁、平坦而柔软，不适合过于繁琐的领型和装饰过多的花边，领型一般以小圆领、方领、平坦的披肩领为宜，还可采取滚边的无领式、V字领、圆领等。一般不采用立领。为了使幼儿自己练习穿衣，穿脱方便，门襟的位置尽量设计在前面，并使用全开合的门襟。

幼儿服是童装中最能体现装饰趣味的服装，因此设计幼儿服要充分利用装饰手法，符合这一时期孩子的特点。幼儿服的装饰设计有图案设计和仿生设计等。幼儿服的图案十分丰富，有动物、植物、人物、景物、文字等。取材广泛，多带有童话和神话色彩，具有天真烂漫的童趣。幼儿服的仿生设计有助于孩子认识自然，热爱自然，增长知识，又具有趣味性和浓郁的装饰性。如仿小兔子的童帽设计，传统的虎头鞋，用于服装造型的各种动物。

幼儿服的色彩可以是鲜艳明亮的，也可以是色调柔和的，色彩应用非常广。

面料使用要符合这一年龄段的特点，夏季要求有透气性、吸湿性较好的纯棉细布，如泡泡纱、条格布、各种针织面料。秋冬季幼儿内衣要用保暖性好、吸湿性强的针织面料，外衣以耐磨性强的灯芯绒、斜纹布、纱卡、厚针织料等为主。不同面料的拼接组合，也能产生新颖有趣的设计效果。在膝盖、袖肘等部位可设计防磨损、撕裂的效果，如用新型材料、防污面料和卡通造型进行贴补，能达到既美观又实用的效果。如图4-5-11、图4-5-12所示。

▲ 图4-5-11 采用色彩柔和的纯棉面料

▲　图4-5-12　色彩较鲜艳的幼儿服

3. 学童装

　　学龄儿童主要指小学生，以学校为中心，开始具有集体意识，学校会统一定制校服，一般会在集体活动时统一着装，强调团队精神，如运动会、课间操、春游等活动，穿着校服能具有整齐性、标志性的特征。除了校服外，学龄期儿童的日常服装在色彩、面料及款式造型方面也不宜太过夸张和繁琐，这个阶段的孩子运动量较大，服装以简洁、舒适、便于运动为好，面料采用耐磨性、透气性较好的涤棉、纯棉等材料，秋冬季外套宜用粗呢、各式毛料和棉服，以增加保暖性。缝制工艺要牢固。牛仔服等各式休闲类服装是不错的选择。如图4-5-13、图4-5-14所示。

▲　图4-5-13　小学生的校服

▲　图4-5-14　学童的日常装（左）和鞋子（右）

4.少年装设计

　　少年指中学生，主要是初中阶段的学生。这一阶段的孩子身体发育逐渐成熟，有独立思考的能力，思想也渐趋成熟，对衣着有自己的观念，父母的着装观念影响开始减弱，讲究时尚性、群体性。

　　女生身材日渐苗条，显露出胸、腰、臀线，肩线也较明显，已接近成年人体型，所以服装的造型除塑造纯真可爱的形象外，还要体现体型的美感，造型简练大方，以X形、长方形、梯形等造型为主，结构适度宽松或合身。上衣和裙子可设计的稍短些，以体现女孩子活泼可爱的青春气息。如图4-5-15所示。

▲　图4-5-15　少年的日常服装

　　男少年装的设计应体现出富有朝气的男子气概，造型简练大方，结构和图案硬朗、刚强，体现个性，但不宜有过多装饰。服装类型通常有T恤衫、衬衫、休闲裤、夹克、毛衣、线衫、棉外套等。衬衫和裤子采用前门襟开合形式，与成年人衣裤相同。为便于运动，外套结构采用较宽松式，袖子以落肩袖、插肩袖和较宽松的圆装袖为主。少年的日常运动和业余爱好范围较广，大部分喜欢踢球、骑车、玩滑板、郊游等运动，因而在设计时要充分考虑这一特征。

　　中学生的校服应具备一定的标志性和运动机能，体现校园的整洁、统一、秩序感，又符合学生的活泼好动性格。如图4-5-16、图4-5-17所示。

▲　图4-5-16　中学生的校服

▲　图4-5-17　日本的学生服

第六节　针织服装设计

现代生活方式使人们崇尚休闲、舒适、自然、随意的着装，针织服装因面料和设计的特殊性，越来越受到人们的关注与喜爱，因此针织服装已趋于时装化、成衣化。如图4-6-1所示。

▲　图4-6-1　针织服装已成为现代服装的重要组成部分，可用于多种服装的设计

一　针织服装面料的特点

针织面料与机织面料的织法不同，机织面料是由经纱与纬纱相互交织成型的，而针织面料则是纱线单独构成线圈，再经串套连接而成。有单面针织物和双面针织物。根据线圈构成与串套的不同，又可分为纬编织物和经编织物。纬编织物是由一根纱线形成线圈横列，如由圆机织出的圆筒形针织物，可用于内衣、T恤及运动休闲装的面料；由编织机或手工织出的毛衣衣片都属纬编织物。经编织物由许多纱线才能形成一个线圈横列，只能织出单片面料。

针织面料的特性如下。

（1）拉伸性　针织面料由于是靠同一根纱线形成横向或纵向联系，当朝一方拉伸时，另一方会相应缩短，任何一方都可拉伸，伸缩性很大。因此，针织服装手感柔软，富有弹性能体现人体的曲线，运动机能好。但也伴有外观形态不够稳定的缺陷，与纬编面料相比，经编面料较稳定，变形小，故适宜制作外衣。

（2）透气性　针织面料的线圈结构能保存较多的空气量，因而透气性，吸湿性和保暖性都比较优良，使服装穿着具有舒适感。

（3）脱散性　在服装剪裁或穿着磨损时，针织面料被切断的线圈失去串套联结，易脱散形成"针洞"。针织物的这种脱散性，纬编的较经编的大，基本组织的较花色组织的大，线圈长的较线圈短的大。

（4）卷边性　针织面料因边缘线圈中弯曲纱线在自由状态下力图恢复伸直，所以呈现出不同程度的包卷现象。纱线越粗、弹性越好、线圈长度越短，则面料的卷边性越显著。双面针织物则基本上不存在卷边现象。一般用于服装的边缘设计。

（5）回缩性　针织面料裁成衣片后，在缝制与穿着过程中会产生纵横方向不同程度的收缩变化，其缩率一般在2%左右。因此在进行针织品设计时应预先设计出缩率。

二、针织服装的类别

针织服装可分为毛衣、内衣、外衣和配件等。

1. 毛衣

指用羊毛、羊绒、兔毛、驼绒等的纱线或毛型化纤纱编织的服装，也包括毛裤。毛衣集时装与日常服于一体，可设计出各种款式、色彩的各式毛衣，品种异常丰富。毛衣已成为针织服装中一个重要的独立分支。

毛衣一般在横机上生产，横机的生产特点是通过放针和收针，编织成形衣片，无须经过裁剪即可把织好的衣片通过缝盘缝制出衣服。普通横机能编织基本组织的织物，提花横机可编织多种类型的花色织物，双排横机可织出各种色条和方格纹。如图4-6-2～图4-6-4所示。

毛衣还可用棒针手工编织，现代成衣设计中也常采用手工编织的毛衫，其设计的灵活性较强，效果新颖，富有个性化。如图4-6-5所示。

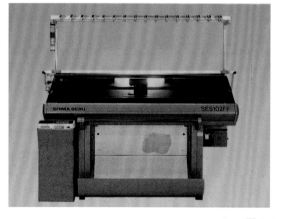

▲　图4-6-2　横编机

▲　图4-6-3

▲　图4-6-4　针织服装的伸缩性
　　用于孕妇服的设计

▲　图4-6-5

2. 内衣

　　由于内衣主要是贴身穿着的，针织物的柔软性、透气性、吸湿性和弹性使针织物非常适合用于内衣的设计。

3. 外衣

随着针织技术和人们对衣着要求的发展，针织外衣的品种日益增多，有各种上衣、裙子、套装、大衣等，适用于不同场合的穿着。如图4-6-6～图4-6-9所示。

▲ 图4-6-6

▲ 图4-6-7 Missoni独具风格
的针织套装

▲ 图4-6-8

▲ 图4-6-9

4. 配件

针织配件是服装中不可或缺的用品，主要有：帽子、围巾、手套、袜子等。

三、针织服装的设计

由于针织物的性能与机织物有所不同，针织服装的造型与工艺方法有其自身的特点，所以针织服装的设计有别于机织类服装的设计，主要表现在以下几个方面。

1. 轮廓造型

针织服装的轮廓造型大致分三类，紧身型、宽松型和直筒型。

（1）紧身型　针织面料弹性好，能充分体现人体的曲线，并能适应各种运动，适宜设计紧身型服装，如泳装、健美衣、各种紧身运动衣、舞蹈服、内衣等，贴体自然，造型简洁。如图4-6-10所示。

▲　图4-6-10　体操服与健美服

（2）宽松型　针织面料的柔软性和悬垂性使其较适合设计成造型较简洁的宽松型外套、连衣裙及居家服。如图4-6-11所示。

（3）直筒型　较厚实紧密的针织面料可以设计成款式简洁大方的直筒型服装。如图4-6-12所示。

2. 织法变化

针织物的线圈结构变化丰富，肌理效果显著，运用不同织法或不同织法的组合搭配可以形成不同风格的设计，同一款服装用不同的针法也能获得异同的效果。如图4-6-13所示。

▲　图4-6-11　　　　　　　　　　　　　▲　图4-6-12

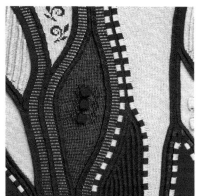

▲　图4-6-13　针织衣片，通过织法的变化增强肌理效果

3. 边缘装饰

由于针织面料易于脱散和卷边，在设计时常把衣边设计成具有独特风格的装饰效果。如在针织服装的领子、袖口、门襟、底摆处进行装饰，既可以起到平服衣边的作用，又能使服装造型显得端庄又富于变化，是实用性与装饰性的完美结合。这种效果是针织服装特有的标志。如图4-6-14所示。

▲　图4-6-14　边缘的装饰增强了服装的审美效果

4. 工艺特点

针织面料的特点使其在裁剪和工艺上有别于其他面料，因此，设计时应注意以下几点。

① 由于针织面料较柔软、轻薄、富有弹性，故设计时结构上应尽量简洁，不用或少使用省道和分割线。

② 针织面料的悬垂性易导致服装在长度上增加而宽度减小，所以在设计时应适当缩短衣服长度（尤其是较长的连衣裙和外衣）而宽度略放。但针织面料本身的弹性使其在围度上的放松量小于机织面料，有些功能的服装甚至无放松量或小于净围度，如泳衣、舞蹈衣。

③ 针织面料的针距宜稍宽，普通内衣使用五线拷边机缝制，使缝线富有弹性，泳衣等弹性大的面料宜使用弹力线缝制。

另外，利用针织面料的特殊性可以设计较有创意的款式，如利用其卷边特性在领子、袖口、底摆等处用平针织成，使其自然卷曲，能达到轻松随意的效果；在较薄的面料上剪洞，会自然张开并呈卷曲状，适合较有创意的设计；用轻薄型针织面料通过面料的改造手段能形成各种肌理效果。总之针织面料虽有其特殊性，但在设计上不拘泥于固有的方式才能有所创新，设计出好的产品。如图4-6-15所示。

▲ 图4-6-15

思考与练习

1. 设计一套参加派对的晚装，一套白天用礼服。

2. 对当地某商场或酒店进行调研，设计一系列工作人员服装。

3. 对当年流行趋势进行调研，设计一系列休闲装。

4. 对某一年龄段儿童定位，设计一系列童装。

第三篇

品牌服装设计

第五章　品牌服装设计概述

学习目标

通过本章的学习，了解品牌的概念、形象及意义，品牌服装的定义及分类等。了解品牌企业的运作方式和当前的业内动态。

　　在本教材的前两个部分，我们学习了创意类服装设计和成衣设计，对服装设计的艺术性、实用性有了初步的认识。在本篇，我们将在原来的基础上迈上一个更高的层次——品牌服装设计。

　　品牌服装追求非凡的设计理想、考究独特的面料、精湛的板型设计与做工，将艺术与服装功能融会贯通。另外，还要有与之配套的经营观念和市场模式。所以品牌服装设计比普通成衣设计更胜一筹，难度更大，要求更高，因而这一课程对我们更具有挑战性。

　　随着20世纪90年代，我国经济正飞速发展，中国服装市场的发展由追求数量转向追求质量，才开始有了品牌的概念和意识。而国外一些服装企业利用他们在本国早已运作成熟的服装品牌模式，轻而易举地站稳了在我国的服装市场。国内服装企业在看到国外服装轻而易举地赚取了大把由品牌效应带来的利润之后，纷纷加入"品牌服装"行列，政府有关部门打出"中国服装品牌工程"的旗号，支持国内企业走品牌之道，形成了创造品牌服装的良好氛围。

　　教育，尤其是应用性很强的教育，更要与市场变化紧密结合，为企业服务。在业内人士纷纷看好品牌服装的今天，一个合格的高职服装专业毕业生除了应该掌握服装设计基础知识和基本技能之外，还要了解品牌企业的运作方式和当前的业内动态，以便踏出校门就已经具备了企业化品牌服装运作知识，可以尽快适应企业岗位要求，担当起品牌服装的设计重任。

第一节　品牌服装的涵义及分类

 品牌的涵义

 1. 品牌

　　品牌是什么？品牌是用以识别某个销售者或某群销售者的产品和服务，并使之与竞争对手的产品或服务区别开来的商业名称及其标志，通常由文字、标记、符号、图案和颜色等要素或这些要素的组合构成。品牌是一个集合概念，主要包括品牌名称和品牌标识两部分。品牌名称是指品牌中可以用语言称谓的部分，又称"品名"；品牌标识又称"品标"，是指品牌中可以被认出、易于记忆但不能用言语称谓的部分。

 2. 品牌的内容

　　品牌从本质上说，是传递一种信息，一个品牌能表达六层意思。
　　（1）属性　一个品牌首先给人带来特定的属性。
　　（2）利益　一个品牌绝不仅仅局限于一组属性，消费者购买利益而不是购买属性。属性需要转换成功能和情感利益，"质量可靠"会减少消费者维修费用，给消费者提供节约维修成本的利益，"服务上乘"则节约了消费者时间，方便了消费者。
　　（3）价值　品牌能提供一定的价值。
　　（4）文化　品牌附加和象征了一种文化。
　　（5）个性　品牌能代表一定的个性。
　　（6）使用者　品牌可以提供购买或使用这种产品的是哪一类消费者，这一类消费者也代表一定的文化和个性，对于公司细分市场、市场定位有很大帮助。
　　所以，品牌是个复杂的符号。一个品牌不单单是一种名称、术语、标记、符号或设计，或它们的组合应用，更重要的是品牌所传递的价值、文化和个性，它们确定了品牌的基础。

 3. 品牌与产品、商标的异同

　　（1）产品与品牌　提及品牌，最为相关的名词是产品。品牌与产品有诸多关系，没有产品，品牌就缺乏应有的坚实根基；但是有了好产品，却不一定能成为好品牌，这是品牌与产品关系的理性认识。其异同主要表现在以下几个方面。
　　① 产品是具体的，品牌是抽象的、精神的。产品是工厂生产的东西，品牌是消费者所购买的东西。产品可以被竞争者模仿，品牌却是独一无二的。产品极易过时落伍，但成功的

品牌却能持久不衰。

产品是具体的，消费者可以触摸、感觉、耳闻、目睹、鼻嗅；产品是物理属性的组合，具有某种特定的功能以满足消费者的使用需求。如车可以代步，衣服可以御寒保暖等。

品牌是抽象的，是消费者对产品一切感觉的总和。他灌注了消费者的情绪、态度、认知及行为。例如，产品是否有个性、是否足以信赖、是否产生满意度与价值感，是否代表某种特殊意义和感情寄托、是否生活中不可缺少。

② 品牌以产品为载体。实践得知，产品不一定有品牌，但是在每一个品牌之内却具有产品。产品是品牌的基础，没有好的产品，这个用于识别商品来源的品牌就无以存在。一种产品只有能够得到消费者信任、认可与接受，并能与消费者建立起强韧而密切的关系，才能使标定在该产品上的品牌得以存活。品牌以产品为载体，品牌是产品与消费者之间的关系。由于产品是生产经营的直接结果，它决定于企业自身，所以，品牌又被理解为是企业与消费者之间的关系。

（2）品牌与商标　品牌与商标是极易混淆的两个概念，一些人错误地认为产品进行商标注册后就成为品牌。事实上，两者既有联系，又有区别。

① 商标是品牌的一部分。商标是品牌的一部分，品牌与商标都是用以识别不同生产经营者的不同种类、不同品质产品的商业名称及其标志。商标不仅只是一种标记或标志，它也包括而且更多的时候包括名称或称谓部分，在品牌注册形成商标的过程中，这两部分常常是一起注册，共同受到法律的保护。在企业的营销实践中，品牌与商标的基本目的也都是为了区别商品来源，便于消费者识别商品，以利竞争。可见商标与品牌都是传播的基本元素。品牌与商标的不同之处，主要是商标能够受到法律保护，而未经注册的品牌不受法律保护。经过注册的商标，专用权受到法律保护。

② 商标属于法律范畴，品牌是市场概念。商标是法律概念，它强调对生产经营者合法权益的保护；品牌是市场概念，它强调企业与顾客之间关系的建立、维系与发展。

商标的法律作用主要表现在通过商标专用权的确立、续展、争议仲裁等法律程序，保护商标权所有者的合法权益；同时促进生产经营者保证商品质量，维护商标信誉。在与商标有关的利益受到或者可能受到侵犯的时候，商标显示出法律的尊严与不可侵犯。

品牌的市场作用表现在：品牌有益于促进销售，增加品牌效益；有利于强化顾客品牌认知，引导顾客选购商品，并建立顾客品牌忠诚。

二　品牌服装

品牌服装是指具有一定市场认知度的、形象较为完整的并具有一定商业信誉度的服装产品系统。通俗讲，即以品牌理念经营的产品。

三　服装品牌

服装品牌的实质是关系，是服饰产品和服务及其名称与消费者发生的各种关系的总和。服装品牌的成长过程就是服装产品与消费者之间关系的发展过程。服装品牌首先是某种标记、符号；其次是消费者使用某种服装产品或享用某种服务的体验和感受以及在此基础上形成的品牌价值，并通过不断传播积累而成为品牌资产。

四、品牌形象

品牌形象是指体现品牌整体面貌的完整的框架，包括产品形象、宣传形象、卖场形象和服务形象。产品形象是指产品的面貌风格；宣传形象是指通过媒体展示给公众的品牌信息；卖场形象是指品牌商品销售场所的环境与布局；服务形象是指品牌的售前售后服务的状态。

五、品牌服装的分类

品牌服装的分类方法比较多，常见的主要有以下几类。

1. 主次分类法

在一个服装企业内，按照投资比例、设计定位而将所属品牌分为主要品牌和次要品牌。

（1）主要品牌　也称主牌，是企业推出的主要品牌，在企业产品中占有非常重要的位置。

（2）次要品牌　也称副牌，是企业推出的与主要品牌有关联的次要品牌。

2. 性别年龄分类法

按不同性别和年龄进行分类的品牌，仅仅是一个分类方法，里面所包含的内容非常多。

（1）男装品牌　男式服装品牌的总称。

（2）女装品牌　女式服装品牌的总称，是服装品牌总数中占比例最高的品牌大类。

（3）童装品牌　以儿童为穿着对象的品牌。按照年龄大小，儿童品牌又可分为婴儿品牌、幼儿品牌和少儿品牌。

（4）少女品牌　以少女为穿着群体的品牌。

（5）淑女品牌　以淑女为穿着对象的品牌。商业上将比较成熟的略带职业装风格的介于少女和妇人年龄段之间的女装称为淑女装。

（6）妇人品牌　以成年妇女尤其是中老年妇女为穿着对象的品牌。

3. 风格分类法

按照同一年龄层内品牌所具有的风格定位分类。

（1）休闲品牌　以休闲风格为主要产品线路的品牌类型。

（2）正装品牌　以礼节性工作场所为穿着环境的品牌类型。讲究产品的质地，较成熟经典。

（3）运动品牌　非体育比赛用的具有运动趣味的品牌类型。设计上注重创造轻松活泼的氛围，带有一定的运动特点。

（4）前卫品牌　具有超前意识的品牌类型。设计观念比较新颖，突出个性特色。

（5）乡村品牌　具有乡村风格的品牌类型。带有回归自然的设计理念，选择具有乡村风味的设计元素进行组合。

4.品种分类法

按照该品牌最主要的产品品种分类。该类品牌的产品门类性很强，产品系列化程度高。习惯上，这类品牌也称为单品品牌。

（1）衬衣品牌　以衬衣为特色产品的品牌。

（2）西装品牌　以男式西装为特色产品的品牌。

（3）风衣品牌　以风衣为特色产品的品牌。

（4）毛衫品牌　以针织类毛衫为特色产品的品牌。

（5）大衣品牌　以冬季呢绒大衣为主要产品的品牌。

（6）皮衣品牌　以皮革面料为主要面料制作产品的品牌。

（7）裤装品牌　以裤、裙为主要产品的品牌。

5.销售方式分类法

按照产品的主要销售方式分类如下。

（1）零售品牌　以零售市场为主要销售窗口的品牌。

（2）批发品牌　以批发方式为主要销售渠道的品牌。

（3）代理品牌　以代理方式为主要销售手段的品牌。

6.推介方式分类法

按照突出品牌推广的重点分类如下。

（1）设计师品牌　以主持产品设计的设计师或个人开业的设计师名字命名的品牌。

（2）名人品牌　以社会名流或公众人物的名字命名品牌。

（3）供应商品牌　以提供或制造产品的公司名字命名的品牌。

（4）销售商品牌　以负责销售的销售公司名字命名，也称为百货商品牌或零售商品牌。

7.价格分类法

从构成服装物质状态的要素出发，按产品品质的高低分成高、中、低三档品牌。一般情况下，服装品牌的档次代表了产品的质量，产品品质需要投入产品的成本支持，成本与价格有直接联系，因此，品牌的档次往往以产品的价格区分。

（1）高档品牌　以产品构成要素的高标准而组合的品牌。该类品牌的产品制作成本高，品牌形象好，价格昂贵。

（2）中档品牌　以产品构成要素一般标准组合的品牌。该类品牌的产品制作成本一般，价格中等，是服装市场的主流品牌。

（3）低档品牌 以产品构成要素的低标准而组合的品牌。该类品牌的产品制作成本较低，价格低廉。

第二节 品牌服装的设计要素及其整合

一个品牌要生存、发展，就要有自己的品牌文化。一个品牌的成衣设计中存在不同的主题，但这些主题都要在不同层面上反映品牌的内涵。在服装设计中，品牌主题，可以理解为对作品的整体设想，即具体设计前所拥有的特定要求和设计中贯穿始终的宗旨。也就是说，一套较为完美的服装作品，从它的款式造型、面料、色彩到服饰配件的选用只能围绕着一个中心思想，一切服从并服务于主题。这就要求我们在进行服装的品牌经营时，必须将所有的设计因素进行整合，使产品的风格统一，特点突出。

对于主题来说，其本身是可大可小，可以惊天地，也可以无声息。无论什么样的主题都需要如下的设计因素表现，品牌内涵、服装色彩、材料、工艺、板型、目标消费者和季节环境等。服装设计师的任务是将设计意图转化为市场份额。如何将以上的设计因素整合起来，迎合特定消费者的需求，成功地树立自己的品牌在消费者心目中的形象是每个设计师都必须要考虑的问题。那么，品牌要素的整合到底都整合些什么，又如何整合呢？具体介绍如下。

一 品牌要素分析

1. 款式

款式作为服装三要素之一，对一个品牌的影响力是不容忽视的。进行款式设计时，应该考虑目标消费者的年龄、性别、职业、性格、爱好等。

（1）童装

① 整体造型多变，可采用全部四大造型（H造型、T造型、X造型、A造型），可以不拘一格，但在放松量的设计中一般采用较大的松量，以适应儿童好动、活泼的性格。

② 童装中的省道设计大多起到装饰作用，而非是为了合体，虽然儿童体型中也存在着凸点和凹陷部位，但由于整体设计上强调宽松，所以在童装中省道很少出现，即使有也多是为了适合整体风格而特设的，且多隐藏在分割线内。

③ 童装中褶裥的地位突出，无论男童还是女童的服装设计褶裥都很常见，这样就使服装在基本松量的基础上又增添了装饰性松量。褶裥的形状多变，如波浪褶、多层荷叶边等；方向上纵向、横向、斜向均可采用。

④ 分割线在童装中的应用比较广泛，各种塔克、育克及纵向分割，斜向分割均很常见。

⑤ 口袋、领型、袖型多以轻松活泼的形式出现，口袋多采用水果或卡通形象；领型多见圆翻领、海军领等；袖子则宽松多变，多有开口设计。

（2）女装

① 整体造型上多见X造型、A造型、H造型，也有男性风格的T造型，放松量的设计一般不大，主要是强调凹凸有致的女性美。

② 省道是女装设计的灵魂，通过省道的打散、聚合、连省成缝、转移、变形等演绎出千变万化的女装造型，例如女装中的经典分割"公主线"，就是通过连省成缝的方法得来。省道本身变化多样，而且常常和褶裥、分割线等配合使用，这样就使女装的设计更加灵活，把握起来的难度较大。

③ 女装中的褶裥形式多样，抽褶、垂褶、波浪褶、规律褶层出不穷，是女性雍容华贵的最佳表现方法。如跟省道配合使用更能突出女性的体态美。

④ 分割线在女装中应用时往往采用曲线形式，也有斜线和直线形式。其设计部位一般处在女体凹凸起伏较明显的部位，凸显女体特征。分割线的设置一般与省道配合使用。

⑤ 口袋、领型、袖型的设计在女装中变化很大，有时会影响整个服装的风格。口袋、领型、袖型之间应相互呼应，而且要符合整体风格，一个巧妙的口袋、领子、袖子，会使服装的整体效果大幅升华。

（3）男装

① 男装的整体造型上，较常见的是H造型或T造型，放松量在设计时一般较女装稍大，服装款式在设计时，更注重服装本身的造型对体型的修正作用。无论正装还是休闲装这种特点都有体现。

② 省道在男装中的应用与女装大为不同。男装中的片内省经常转移至片外处理。一般较小的省道不做出成型的省道，而是采用归、拔的方式处理，即使收省也经常采用直线造型而不做过多的变化。

③ 男装中褶裥的应用不多，除去传统上的或功能上的应用外，一般不出现，即使被采用一般也是很简洁的。例如男衬衫，男西裤等。

④ 分割线在男装中也是较简洁的。和女装不同，通常为直线分割，而且横向分割多于纵向分割。

⑤ 口袋、领型、袖型的变化也与女装中的变化不可同日而语。以简洁大方为上。

（4）特定人群的款式设计 近年来职业装广为流传，制服大行其道。制服的款式设计非常重要，要充分考虑到穿用者的工作环境，款式设计应充分考虑穿用者的功能性需求，同时制服还起到宣传、标示的作用，在进行款式设计时应重点考虑，将这些标示图案等置于明显位置。功能性较突出的例子如孕妇装、婴儿服，在孕妇装中设有腰带会令人啼笑皆非，在婴儿服中设有很多纽扣，或很长的系带是非常危险的。企业的制服除去工作中的功能性必须得到注意外，还要考虑为企业宣传的作用。

2. 面料设计

不同的面料有不同的性能和表现力，面料一旦被选用往往就定下了整个服装的基调。我们在选用面料时一定要慎重，对于一个品牌来说，无论是高档品牌还是中低档品牌，一定要根据自己的目标消费者选用合适的面料。要本着有效、新颖、经济的原则严格按照设计主题选用面料。现对不同面料主要性能特点作如下介绍。

（1）棉织物

① 吸湿性能强，染色性能好，织物缩水率为4%～10%。经过预缩后尺寸稳定性提高。

② 有优良的穿着舒适性，光泽柔和，富有自然美感，坚牢耐用，经济实惠。广泛用于制作休闲服装、婴幼儿服装、内衣等。

③ 手感柔软，弹性较差，与涤纶混纺或通过后整理能提高其抗皱性和保形性。

④ 耐碱不耐酸，利用此性能可对其作丝光处理，其光泽、强度、染色性能均得到提高，从而获得更加优越的服用性能。

⑤ 不耐高温、易燃，不宜作高温环境下的工作服装。

（2）麻织物

① 天然纤维中其强度最高。湿态强度大于干态强度20%～30%，其中又以苎麻强度最高，坚牢耐用，但未经处理时穿着有刺痒感，处理后其刺痒感大幅减轻。

② 吸湿性能极好，导热性能优良，夏季穿着消汗离体、触感凉爽。

③ 未经处理时染色较暗淡，处理之后其染色牢度和色泽均能大幅改善。麻织物有其固有的粗犷风格和自然淳朴的美感，是男装制作的理想面料之一。

④ 比棉布硬挺，弹性稍好，但在熨烫时不宜反复加压熨烫，防止对服装造成损伤。

（3）丝织物

① 桑丝织物色白细腻、光泽柔和明亮、手感滑爽柔软、高雅华贵，适宜做高级服装面料，尤其制作女装时非常适用。

② 强度比毛织物为高，但抗皱性比毛织物差。吸湿性能优良且由于丝素有吸收紫外线的功能，可以对细菌起到抑制作用，使其非常适合制作内衣。

③ 绢丝、杼丝、柞丝织物风格粗犷，价格适中，可作为中档服装面料，适合制作外衣，男装制作亦可选用。

④ 品类繁多，风格多变，色彩艳丽，可轻薄如纱，亦可丰厚如呢。

（4）毛织物

① 纯毛织物光泽柔和自然，手感柔软，弹性较好，穿着舒适美观，适用于高档服装及中高档服装的使用。

② 弹性、抗皱性比其他天然纤维均好，能制作出较好的成型褶裥，可用于外衣的制作。

③ 不易导热，吸湿性好，绒毛丰满的羊毛织物有良好的保暖性，可作为秋冬服装使用。经过处理的轻薄的凉爽羊毛，吸汗、透气，又可用于春夏服装。

④ 与合成纤维混纺的毛织物，可降低成本，又可提高坚牢度和挺括性。适宜制作外衣。

此外各种合成纤维及混纺材料和层出不穷的新型服装材料均各有特色，可根据主题的需要进行选用。这里就不再赘述。

3. 色彩

品牌服装的文化、品位，在很大程度上都是由色彩来表现的，除了注意色彩本身具有很大的流行性外，还要注意与其他元素的配合关系。设计师应根据大量的市场调查，确定本季节的流行色彩，然后根据自己的品牌定位选用恰当的色彩。

（1）色彩与面料质地的协调　色彩对于服装来说是很重要的因素，但落实到实际中就必须要与一定的面料相结合。色彩、色泽、花纹、图案在选用时一定要与面料的纱支、织物组织、质感相协调，从某种意义上来讲一旦面料被选用，服装的色彩、色泽、花纹、图案等就已经基本定下格调。由于面料组织结构不同，面料表面所呈现的肌理感觉也有所不同，色彩只有适应面料的肌理才能相映生辉，否则就只能是黯然失色了。还应注意的是，色彩与面料的协调没有一定的公式可寻，需要设计者在长期的工作实践中不断地积累经验和感觉。

（2）色彩与款式的协调　从表面上看服装的款式与色彩没有太多的联系，但实际中同一款式，而不同色彩的服装在销售中的表现往往也不尽相同。这里虽然有流行色的很大影响，但款式与面料的协调也是不容忽视的问题。比如，一个轻松活泼的款式，选用一块素雅色彩的面料很难将其活泼起来；高雅、端庄的套服最好选用柔和的灰色，不宜用纯度很高的色彩。

（3）主体色与配饰色的协调　除了主体服装之外，为了更好地强调品牌的文化、内涵，往往还要设计服饰配件，这些配件在色彩上应该与主体色彩相呼应。鞋、帽、腰带、围巾、包、首饰、辅料等都应该在色彩上与主体色相呼应，或者同一，或者协调，或者对比，都应该仔细斟酌。

此外，色彩还要适应目标消费者的年龄、性别、体型、肤色、性格、气质和穿用的环境、季节等。总体上来说色彩在选用时更加依赖设计者的感觉、经验和品牌服装的文化基调。

一个品牌的服装在设计时除去考虑以上的服装三大要素之外，还要注意服饰配件、工艺加工和本品牌其他服装的风格特征。

二、设计要素的应用

选定设计要素后，必须将它们很好地利用起来。在所有设计要素中，有些是流行要素，有些是冷僻要素。设计要素的应用就是选择设计要素进行组合，其中流行要素和冷僻要素的使用都能引起人们的注意。应用设计要素时，常有以下几种方法。

1. 重复与单纯

重复是指把相同的设计要素在一个产品上多次使用。单纯是指相同的设计要素在一个产品上出现的次数尽可能少，并且控制其他不同设计要素的出现。

2. 强调与弱化

强调是指对某些设计要素进行量态的夸张，使其在产品的设计要素群中占有突出地位。弱化是指对某些设计要素进行量态上的低调处理，使其在产品的设计要素群中处于从属地位。

3. 完整与分割

完整是指在产品设计中保持设计要素造型的完整性，具有完整的、可辨的、直接的观感。分割是指把设计要素进行分离，将其中一部分运用在产品中，具有抽象的、变异的、简化的观感。

三　品牌要素的整合方法

影响服装整体效果的因素很多，服装的流行周期又很短，一个品牌要想生存发展，更好地满足社会需求，就要对服装的各个要素进行有效的整合，树立自己的形象，创立自己的市场。总的来说品牌要素的整合方法可分为以下两大类。

1. 根据市场整合服装要素

这里所说的市场就是指一定的消费者，某一地域的人口众多，一个服装品牌是不能满足所有消费者的需要的。有经验的品牌经营者总是努力地考虑本品牌的目标消费人群，分析目标消费者的年龄、性别、经济收入、生活习惯、性格、爱好、消费习惯等因素，既要考虑到这些因素的现状，也要考虑到其变化趋势，发展前景。这样才能又专又精，有效地掌握目标消费者的心理，组织服装的款式、面料、色彩、配饰、工艺等。

2. 根据品牌内涵整合服装要素

品牌设计者根据自己的喜好、能力设计某一品位的服装，始终维系一定的文化底蕴，在一个大的内涵中只做小范围的波动，以不变应万变。尽管一代一代的消费者不断更迭始终能够拥有自己的消费人群。其服装的诸要素的选用主要是为了更好地表达自己品牌的文化和品位，要素选择上严格服从于品牌的主题，将某一文化发展到极致。

思考与练习

1. 解释概念
   品牌　品牌服装　服装品牌　品牌形象
2. 简述品牌与商标、品牌与产品之间的关系。
3. 简述品牌服装的设计要素及其整合方法。

第六章　品牌服装设计的运作

学习目标

　　通过本章的学习，了解品牌服装的运作方式和设计方式，了解国内外服装品牌的概况。模拟品牌服装进行设计。

第一节 品牌服装定位

 品牌定位的概念

品牌定位是指企业在市场定位和产品定位的基础上，对特定的品牌在文化取向及个性差异上的商业性决策，建立一个与目标市场有关的品牌形象的过程。

品牌定位是品牌经营的首要任务，是品牌建设的基础和品牌经营成功的前提。品牌定位在品牌经营和市场营销中有着不可估量的作用，通过品牌定位使品牌与这一品牌所对应的目标消费者建立一种内在的联系。

品牌定位是市场定位的核心和集中表现。企业一旦选定了目标市场，就要设计并塑造自己相应的产品品牌及企业形象，以争取目标消费者的认同。由于市场定位的最终目标是为了实现产品销售，而品牌既是企业传播产品相关信息的基础，又是消费者选购产品的主要依据，所以品牌成为产品与消费者连接的桥梁。品牌定位也就成为市场定位的核心和集中表现。

 品牌定位的目的

品牌定位的目的就是将产品转化为品牌，以利于潜在顾客的正确认识。成功的品牌都有一个特征，就是以一种始终如一的形式将品牌的功能与消费者的心理需要连接起来，通过这种方式将品牌定位信息准确传达给消费者。因此，厂商最初可能有多种品牌定位，但最终是要建立对目标人群最有吸引力的竞争优势，并通过一定的手段将这种竞争的优势传达给消费者，转化为消费者的心理认识。

良好的品牌定位是品牌经营成功的前提，为企业进占市场、拓展市场起到导航作用。若不能有效地对品牌进行定位，以树立独特的消费者可认同的品牌个性与形象，必然会使产品淹没在众多产品质量、性能及服务雷同的商品中。品牌定位是品牌传播的客观基础，品牌传播依赖于品牌定位，没有品牌整体形象的预先设计（即品牌定位），品牌传播就难免盲目，从而缺乏一致性。

总之，经过多种品牌运营手段的整合运用，品牌定位所确定的品牌整体形象即会驻留在消费者心中，这是品牌经营的直接结果，也是品牌经营的直接目的。如果没有正确的品牌定位，无论其产品质量再高、性能再好，无论怎样用尽促销手段，也不能成功。

 品牌定位的内容

服装品牌定位是服装品牌设计和营销的前奏，决定了服装产品设计的每一个环节，品牌服装定位的内容主要包括以下几个方面。

1. 锁定目标顾客

它是品牌定位的首要内容，一个成功的品牌必须拥有自己固定的消费群体。

2. 产品风格定位

产品风格是指产品所表现出来的设计理念和外观效果。

3. 设计定位

设计定位是指在设计理念指导下，对款式、面料、色彩等的选择。

4. 产品类别定位

产品的类别就是产品种类，包括主要产品、辅助产品、单一产品或系列产品。

5. 销售定位

销售定位包括销售场所定位和销售手段定位。

6. 形象风格定位

品牌形象具体表现为卖场装修形象，同时也包括服务形象和宣传形象。

7. 产品价格定位

由于品牌服装包含了隐性资产的因素，其价格跟普通服装差别较大，与原料成本没有绝对的对等关系。

8. 品牌目标定位

品牌目标定位是指品牌发展的方向，具体可分为销售目标和市场定位目标。

第二节　品牌服装的运作

品牌服装企业的运作和企划是一个大的、复杂的概念，一切的想法、目标、措施、方案、定位等，都在企划的范畴之内。企划大都以相关人员草拟方案并集体讨论的形式运作，企划的结果以企划方案的形式确定。

品牌的实质是产品，一切的战略战术都是围绕产品展开的。在品牌服装运作过程中，产品设计工作是尤其重要的，设计结果的好坏直接影响品牌的生存。虽然品牌服装企业的规模和目标不一定相同，但品牌服装的运作程序基本上是按照以下几个步骤实施的。

 定位消费群体，确定企划对象

消费群体定位又称市场定位或目标顾客定位，是指服装企业根据自身的性质、特点、技术以及资源配置，把产品和服务准确定位于一个顾客群体。确认目标消费群体是服装品牌定位的关键，因此，在开始商品企划时，必须明确地制定出是以什么类型的消费者为对象，对他们的性别、年龄、收入、性格、职业、爱好、地区等作出明确的划分，并以此作为目标企划的出发点，锁定品牌的消费群体，然后展开有序的设计工作。

为了特定化，除需要将有关消费者进行细分外，还需将有关服装品类进行细分，将消费者和服装商品以单位进行分类并检查他们之间的关系。

表6-2-1列出了服装消费群体的主要细分依据。

表6-2-1　服装消费群体的主要细分依据

细分指标		种　　类
人口统计指标	年龄	6岁以下、7～12岁、13～19岁、20～29岁、30～39岁、40～49岁、50～59岁、60岁以上
	性别	男、女
	教育状况	初中及以下、高中、大专、本科、本科以上
	职业	工人、农民、专业技术人员、教师、文体工作者、职员、管理者、私营企业主、家庭主妇、退休、失业
	个人或家庭收入	按照具体收入段划分
	家庭生命周期	单身未婚、离异、年轻已婚无子女、已婚有6岁以下子女、已婚有6岁以上子女、年老子女已独立、年老丧偶
	社会阶层	超级富裕阶层、富裕阶层、小康阶层、温饱阶层、贫困阶层
社会心理指标	生活方式	学习生活、工作生活、社交生活、私生活
	个性	强制性与自主性、外向与内向、独立与依赖、乐观与悲观、保守与激进、时髦与朴素
	时尚印象	摩登的、乡村的、女性味的、男性味的、优雅的、古典的、运动休闲的
情感行为指标	时尚创新意识	创新者、早期接受者、早期大众、晚期大众、落伍者、拒绝者
	时尚态度	积极的、中立的、消极的
	品牌信赖程度	信赖、一般、厌恶、惧怕

续表

细分指标		种　　类
情感行为指标	价格敏感性	高度重视、轻度重视、一般、不重视
	服务敏感性	高度重视、轻度重视、可有可无
	广告敏感性	易受影响、无影响、反感
	促销敏感性	高度重视、轻度重视、可有可无
	品牌忠诚度	绝对忠诚、变化的忠诚、不忠诚
	购买频率	经常性购买、阶段性购买、很长时间购买一次
	购买准备阶段	无意、有意、了解、感兴趣、渴望、有购买意图
	使用场合	社交场合、工作场合、家庭生活、户外活动
	购买动机	经济、便利、质量、外观、品牌、舒适、表现力

搜集市场情报，分析品牌在市场中的地位

消费群体确定后，接着就应该预测消费群体的需求，即搞好市场调研，收集市场调研情报，予以分析，并归纳总结。

在市场竞争日趋激烈和"商场如战场"的今天，对于一名品牌服装设计师来说，市场调研是必不可少的前期准备工作，品牌设计师根据对目前品牌市场的调研，及时决定做什么品牌和采取怎么样的做法，对于已有的品牌、品牌风格是否变动、如何变动等。

在市场竞争中，一个尚不完善的品牌，通常将某个与自己相当的对手作为竞争中的目标品牌，通过市场调研，弄清目标品牌的底细，为赶超对手提供客观依据。大部分市场业绩良好的服装品牌都会成为其他服装品牌瞄准的目标品牌，前者什么产品销路好、销量大，后者经过调研，根据调研结果，及时调整自己的产品结构及营销策略，使自己的产品占据更大的市场席位。

调研内容根据调研所需要解决的问题有所选择，表6-2-2是市场调研中针对卖场进行调研的主要内容，具体内容可根据实际的调研课题进行增删、选择和组合。

表6-2-2　市场调研内容

项　　目	内　　容	说　　明
商场环境	位置	商场或专柜的位置、朝向、楼层
	环境	商场的档次、周边的其他品牌
	地域	地区档次

续表

项　目	内　容	说　明
产品形象	款式	风格、系列、品类
	色彩	主色、副色、装饰色
	面料	名称、组成成分、外观、触感、价格
	工艺	板型、做工、价格
	数量	货品数量、品种数量、色彩数量
	价格	产品分类价格、典型产品价格、折扣价
服务情况	营业员	人数、年龄、外貌、收入、精神
	服务	语言、态度、技能
	售后服务	退换货、货品维修
顾客情况	人群	年龄结构、时尚程度、购买方式
	停留	停留人数、流动人数
	翻看	挑选翻看商品的人数
	咨询	主动咨询商品情况的人数
	穿试	试衣人数和试衣件数
	购买	实际购买人数和购买件数
销售情况	指标	店方销售指标、销售分成方式
	业绩	年销售业绩、月销售业绩、销售排名
	结算	结算方式、提成方式、汇款周期

三　品牌服装的设计风格和主题

　　服装产品的设计风格即所有设计要素——款式、色彩、材质等形成的统一的、充满魅力的外观效果，它具有鲜明的倾向性。风格能在瞬间传达出设计的总体特征并产生强大的感染力，而这种感染力须通过具体直观的"概念图"体现，"概念图"即设计方案，包括形象概念、造型概念、色彩概念、面料概念、款式图等。

　　品牌运作是团队行动，思维结果必须让团队中的所有参与者理解透彻，以便在具体工作过程中协同作战，品牌定位的结果必须以报告书的形式表达出来。在定位报告中，需要罗列各个定位要素，使用图片、实物、表格等形式，完整、清晰地表达出全部设计思想。大型品牌企业的品牌定位报告是在产品设计师的参与下，由企划部门完成；小型品牌企业则是在经营部门的参与下，由产品设计师完成。

1. 风格定位的表达方式

　　（1）印刷图片　从现有媒体上选取合适的图片来说明问题。品牌服装大多是实用服装，实用服装的样式很多都已经出现过,因此,可以从现有媒体上选取与定位意图相近的摄影图片作为定位的图形表达,具有比较直观、真实的效果。如图6-2-1、图6-2-2所示。

▲ 图6-2-1   ▲ 图6-2-2

(2)草图画稿 用手绘图稿表示定位意图。有些比较有创意的个性化服装样式必须依靠设计师手绘的方法表达其定位意图。如图6-2-3～图6-2-6所示。

(3)计算机 利用相关的设计软件通过计算机手段表现。利用服装设计软件及其他绘图软件进行绘制和编辑图形,会得到手绘不可取代的效果。如图6-2-7所示。

2.品牌服装分类及内涵

每类品牌服装产品都有其与众不同的风格特征,有的硬朗、现代,有的飘逸、优雅,有的恬静、朴素。服装在发展过程中形成了很多约定俗成的、相对稳定的风格类型。产品风格根据流行面的大小可分为主流风格和支流风格,主流风格是指适合大多数消费者的、在市场上成为主导产品的风格,相对来说,其流行度较高、时尚度略低。支流风格是指适合追求极端流行消费者的、市面上比较少见的风格,其流行度较低,但时尚度较高。当然,随着社会环境、时尚潮流等方面的变化,主流风格和支流风格会发生位置的转移。总的来说,服装风格基本上有前卫风格、民族风格、浪漫风格、经典风格、异性化风格、优雅风格、都市风格、运动风格八种类型。这几种风格基本上是两个一组两两相对的。这既表明了服装风格的多元性、相对性,也便于设计师的分类把握和设计定位。

(1)前卫风格 前卫风格是以波普艺术、幻觉艺术、立体主义、朋克风格、嬉皮风格等前卫艺术以及街头艺术等作为灵感来源而得到的一种奇异的服装风格,包括达达主义、后现代主义、未来派等。前卫风格源于20世纪初，它表现出一种对待传统观念的叛逆和创新精神，是对经典美学标准做突破性探索而寻求新方向的设计。前卫的服装风格常采用夸张的手法表现出对现代文明的嘲讽和对传统文化的挑战，异俗追新、场合错位、呈现怪诞和另类倾向的个性表达是前卫风格服饰设计的特点。如图6-2-8～图6-2-11所示。

（2）民族风格　民族风格是指从民族服饰中汲取灵感的一种服饰设计风格。民族风格的服饰在其面料、色彩、图案及配饰中流露出浓郁的民族气息和韵味，或者在款式上具有明显的民族特征。常见的民族风格包括东方风格、俄罗斯乡村风格、由17世纪美国垦荒时代的服饰演变而来的田园风格以及美国西部风格、热带风格等。民族风格服饰可细分为以下三种。

▲ 图6-2-3

▲ 图6-2-4

▲ 图6-2-5

▲ 图6-2-6

▲ 图6-2-7

▲　图6-2-8　　　　　　▲　图6-2-9　　　　　　▲　图6-2-10　　　　　　▲　图6-2-11

①　民族格调的服装风格。具有典型的民族服饰中特定的元素，一般采用天然纤维面料，各国特有的民间的图案和色彩、民间的手工艺以及浓鲜色、对比色的组合和应用，都是民族风格服饰主题表现中十分重要的元素。如图6-2-12～图6-2-15所示。

②　乡村田园情调的服饰风格。是一种具有乡村情调的、追求一种回归自然的时装倾向的服饰风格。如图6-2-16所示。

▲　图6-2-12　　　　　　　　　　　　　　　▲　图6-2-13

▲　图6-2-14

▲　图6-2-15

③ 具有原始观感的服饰风格。是一种追求天然韵味、纯自然的生活方式，展现原始部落或乡村田野中朴素、粗犷或带有野性的自然主义的时装风格。

（3）浪漫风格　浪漫主义风格是近年来服饰流行的主流。它源于19世纪的欧洲，主张摆脱古典主义过分的简朴和理性，反对艺术上的刻板僵化，善于抒发对理想的热烈追求，热情地肯定人的主观性，表现激烈奔放的情感，常有瑰丽的想象和夸张的手法将主观、非理性和想象融为一体，使服饰产品表现出纤细、华丽、透明、摇曳多姿的效果。在配色上较多采用淡雅的中间色调，柔和而细致。如图6-2-17～图6-2-19所示。

▲　图6-2-16

▲　图6-2-17

▲　图6-2-18

▲　图6-2-19

（4）经典风格　经典风格是指传统的、保守的且受流行影响较少的服饰风格，如西装、套装、旗袍等属于此类代表。用色一般采用黑色、白色、灰色、深海军蓝等沉稳、大方的色彩；面料以素色或传统的条格类居多。如图6-2-20～图6-2-23所示。

▲　图6-2-20

▲　图6-2-21

▲ 图6-2-22

▲ 图6-2-23

（5）异性化风格　异性化风格是指在女性服饰中融入男性化特征或在男性化服饰中融入女性化特征的服饰风格。此风格通过主张男性化倾向反衬出原来未曾被发现的女性魅力。在款式上以直线条为主，通常采用较厚重的面料，色彩较多采用暗色调。女装中渗有男装的阳刚、洒脱，男装中带有女装的精巧、细腻和柔和。如图6-2-24～图6-2-27所示。

▲ 图6-2-24

▲ 图6-2-25

▲ 图6-2-26   ▲ 图6-2-27

（6）优雅风格　优雅风格指优雅、纤细、柔美的服饰风格，以体现成熟女性的端庄为宗旨，具有细致、高贵的都市气氛，重视事物的品质、技术等方面的因素，而且沉着中带有华丽的装饰。一般采用上等面料、披挂式款式来表现女性优美的线条；利用面料的柔软、悬垂性自然塑造女性的高贵、优美与文雅。通常会在细节部分运用抽褶的形式使高雅时装更动感、更吸引人，并以柔软的丝绸面料、雅致精巧的图案为特征。用色多为柔和的灰色系列和粉色等中性色彩系列，配色多采用同色系的色彩以及过渡色为主，较少采用对比配色，常用于一些社交场合的礼仪服装和上班服装的设计。如图6-2-28～图6-2-31所示。

 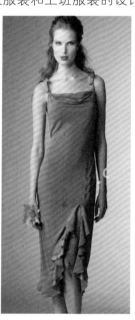  

▲ 图6-2-28　　▲ 图6-2-29　　▲ 图6-2-30　　▲ 图6-2-31

（7）都市风格　具有都市洗练感和现代感的、符合都市人快节奏生活和礼节性交往的服饰风格。此风格的基调简洁、明快，以反映品味和内涵为特征，但又不失高雅格调，将女性的柔美、风韵、智慧、个性相结合。该风格常采用无彩色或冷调色系，廓型、结构以直线为主。如图6-2-32～图6-2-35所示。

▲　图6-2-32

▲　图6-2-33

▲　图6-2-34

▲　图6-2-35

（8）运动风格　以特定运动服为构思来源而设计的、具有健康、积极、充满活力的形象。这种风格的服饰面料多采用纯棉或棉涤、棉锦混纺布料，款式注重实用功能，色彩新鲜、明朗、配色大胆、醒目、强烈。如图6-2-36、图6-2-37所示。

▲　图6-2-36　　　　　　　　　▲　图6-2-37

大部分企业的服饰风格定位都来源于以上几种，只是根据企业特定的品牌理念、市场定位、顾客群体及自身经营特点来具体定位服饰风格。服饰企业可以从时尚类杂志及网站上搜寻各类服饰图片，并将其分成与本品牌最接近的"友邻品牌"和与之不同的"对比品牌"两大类，通过图片的形象对比使人们更加清晰、直观地理解本品牌的含义和风格定位。

四、品牌服装的配套设计

风格定位确定后，就要开始选择符合形象商品的材料、色彩和装饰配件，尽可能地与形象企划中的风格相一致，尤其应该注意不能以单件来考虑产品，而要充分斟酌各个设计元素之间的协调性、产品之间的系列性以及服饰成品与环境之间的协调性。

1. 材料的表达

（1）材料样品　选择具有实际利用意义的面料、辅料实物样品作为材料定位的参考。
（2）实物样品　以与品牌目标非常接近的、现有的样衣实物为材料和款式定位的参考。

2. 色彩的表达

（1）材料实物样卡　利用材料本身的色彩表达产品的色彩定位。
（2）标准色色卡　以业内通用的标准色色卡确定产品的色彩方案。在材料实物样品的色彩与产品色彩定位所需要的色彩不吻合时，可以利用标准色色卡确定色彩方案，交付采购人员或生产厂商作为操作标准。

（3）自制色卡　利用绘画材料或其他材料自行制作色卡，交付采购人员或生产厂商作为操作标准。当标准色色卡内缺少所需要的颜色时，可以利用自制色卡表示。

3. 配饰表达

利用形象概念图的形式，表达与所设计的服装形象风格相匹配的配饰形象。

4. 文字表达

（1）主题　也称为故事版，是指用贴切的文字给即将面世的品牌及其产品有一个合乎逻辑的、具有诱惑力的说法，用一个形象化的故事或倡导的生活方式作为形象推广的统一标准和品牌运作人员的行为准则。

（2）形式　文字应该精练形象，具有一定的感染力，也要罗列大量的数据，配合图片表格等形式表达。分析要条例清楚，结论和建议要合理、自然。

五、品牌服装设计的实施与表现

当整体构思方案完成并得到参与品牌企划有关人员的确认后，便开始由设计师具体完成产品的实施过程。整个过程中需要设计师与制板师、样衣师的良好沟通和密切配合。设计师负责对企业的产品市场定位、产品风格、品牌文化有计划地进行规划与创作；制板师负责在企业规划延续的同时，规划后期生产；样衣师负责按照方案做成成品样衣。具体产品设计过程按下面步骤进行。

1. 绘制效果图

绘制服装效果图是表达设计构思的重要手段，因此服装设计者需要有良好的美术基础，通过各种绘画手法来体现人体的着装效果。服装效果图被看作是衡量服装设计师创作能力、设计水平和艺术修养的重要标志，越来越多地引起设计者的普遍关注和重视。

服装设计中的绘画形式有两种。一类是服装画，属于商业性绘画，用于广告宣传，强调绘画技巧，突出整体的艺术气氛与视觉效果。另一类是服装效果图，用于表达服装艺术构思和工艺构思的效果与要求。服装效果图强调设计的新意，注重服装的着装具体形态以及细节描写，便于在制作中准确把握，以保证成衣在艺术和工艺上都能完美地体现设计意图。

服装效果图一般采用写实的方法准确表现人体着装效果。一般采用8头身的体形比例，以取得优美的形态感。设计的新意要点要在图中进行强调以吸引人的注目，细节部分要仔细刻画。服装效果图的模特采用的姿态以最利于体现设计构思和穿着效果的角度和动态为标准。要注意掌握好人体的重心，维持整体平衡。服装效果图可用水粉、水彩、素描等多种绘画方式加以表达，要善于灵活利用不同画种、不同绘画工具来表现变化多样、质感丰富的服装面料和服饰效果。服装效果图整体上要求人物造型轮廓清晰、动态优美、用笔简练、色彩明朗、绘画技巧娴熟流畅，能充分体现设计意图，给人以艺术的感染力。

2. 款式图

一幅完美的时装画除了给人以美的享受外，最终还是要通过裁剪、缝制成成衣。服装画的特殊性在于表达款式造型设计的同时，要明确提示整体及各个关键部位结构线、装饰线裁剪与工艺制作要点。款式图即画出服装的平面形态，包括具体的各部位详细比例，服装内结构设计或特别的装饰，一些服饰品的设计也可通过平面图加以刻画。款式图应准确工整，各部位比例形态要符合服装的尺寸规格，一般以单色线勾勒，线条流畅整洁，以利于服装结构的表达，款式图还应包括服装所选面料。此图的沟通对象主要是样板师，是样板师制作样板的标准。假定样板师的技术水平合格的话，那么，最后的样衣效果应该与平面结构图一致。因此，款式图的理想状态是样板师仅凭此图就可以做出合乎设计师原意的样衣，而不需要事先用语言交流。

3. 设计纸样

根据设计图所表达的款式和着装效果，设计衣片各部分的具体形状结构的平面图成为服装样板。样板可以人工绘制，也可以在服装CAD上完成。

服装纸样作为服装产品的中介条件，对一系列成衣生产起决定性的作用，即用于服装产品批量标准化、系列化流程生产的生产纸样，对成衣生产的品质、成本、效率有着很大的影响作用。从事成衣生产的服装纸样制作人员，不要片面地按照结构原理照搬，忽视实际生产因素，而要做到除选择适宜的比例公式制图及考虑人体体型之外，还要考虑实际生产的品质、成本、效率。

4. 样品试制与分析

服装设计师将开发部门共同形成的构想绘制成服装效果图，这时的产品还停留在艺术作品阶段，只有通过具体材料和具体的缝制过程，才能形成具体的视觉效果。样品通过试制并写出相应的试验报告，内容包括：造型效果是否与设计任务书相符，各方面对样品提出的改进意见，该样品与市场竞争产品的比较情况等。

新款式试制完成后，由技术部门组织对新产品的造型效果、技术性能和经济效果进行全面评价和鉴定。样品的鉴定内容包括三个方面。第一，设计资料是否完整，样品是否符合技术规定。第二，检查加工质量、服装面料是否恰当，工时记录是否准确完整。第三，对服装样品的效果、结构、工艺性和经济性作出评价和结论，并提出改进意见。在此基础上，填写样品鉴定证书，提出能否转入小批量试生产的建议。

六、品牌服装的销售策划

服装品牌企划的终点、品牌服装价值兑现的关键是销售，销售在整个品牌战略中占有十分重要的位置，因此，服装企业必须注意搞好服装品牌的销售策划。服装的销售策划一般分为三大部分：一是品牌形象的宣传策划，二是品牌产品的营销策划，三是品牌服装的推广策划。

1. 品牌的宣传

为了吸引消费者，引起消费者的兴趣，让他们了解品牌产品、信任品牌产品，品牌产品进入市场前要进行品牌形象策划和设计。品牌服装公司应该以完整的形象亮相在消费者面前，搞好品牌形象的策划、设计和宣传工作。

品牌形象的内容一般包括三大部分：一是产品形象，二是卖场形象，三是服务形象。

（1）产品形象　是指产品的风格、规格、价格等。

（2）卖场形象　卖场形象主要有道具形象、广告形象和标志形象等。

① 道具形象。用于陈列和销售商品的道具，主要有样面、衣架、灯具、展示台、收款台、试衣室、穿衣镜、模特等。专门设计制作的卖场道具是品牌服装与普通服装销售现场的主要区别，是品牌服用来体现品牌风格的主要手段。

② 广告形象。用于宣传商品的物品，主要有样本、灯箱、广告画、包装袋等。样本是非常重要的广告形象，其作用主要有两个方面：一是联系商场的"向导"，二是消费者购买商品的参考手册，为了让消费者对产品信息有一个全面的了解，印制精美的产品样本很有必要，可以使消费者对产品更有信心。灯箱也是卖场内常见的宣传物品，一般在样本中选择效果最满意的图片，作适当的排版，制作成灯光片，以背面打光的形势作品牌宣传。广告画则以正面受光的悬垂形势安置在卖场内。包装袋上最好印有产品介绍、卖场服务宗旨、顾客订购电话等，对产品的宣传起着十分重要的作用。

③ 标志形象。标志形象也称形象立板，是最能体现卖场品牌形象的局部装饰，一般会放置Logo、广告画等内容。无论在设计还是材料选择上，通常是卖场装修中的一个亮点。

（3）服务形象　卖场形象是品牌的硬件形象，而服务形象是品牌的软件形象，主要指人员形象、销售形象、形象代表等。

① 人员形象。是指营业员的外表与营业员的技能。营业员是品牌形象很重要的一部分，是与顾客直接接触的销售最前线，也是品牌的活体形象，在一定程度上代表着企业形象。因此要求营业员要具备优美的外表、扎实的服务功底、良好的语言表达能力和语言感染力、规范的服务行为等。

② 销售形象。销售形象是指商品的保修、退换、售后服务和优惠卡、贵宾卡等促销方式。

③ 形象代表。形象代表也称产品代言人，常聘请社会上有一定知名度和感召力的人士作为品牌的形象代表，意在凝聚人气，吸引顾客。

2. 营销策划

产品的营销策划主要包括以下内容。

（1）产品的销售网络　品牌服装的销售主要是通过零售方式实现的，服装销售的主要渠道有：百货商场、专卖店、专业店、店中店、大型超市、批发市场。服装销售的其他渠道有：订货会、博览会、特卖场、集贸市场、零售小店、互联网、邮购销售、附属商场。

（2）服装产品的定价 品牌服装公司一般采取以下定价原则：以成本定价；以利润定价；以品牌知名度定价。也可以在品牌企划中的品牌服装价格范围内，根据款式、商场、费用、季节等情况的不同灵活掌握。

定价可以按下述公式计算：价格＝产品成本＋税收＋标准利润＋知名指数＋产品流行指数＋季节指数＋地区物价指数。

（3）产品的销售形式 产品的销售形式有正常销售和促销方式两种。正常销售是指在一个流行季开始时期，以第一零售价的价格销售商品；促销方式一般是在货品首期销售达到公司的期望值以后，为了促进货品流通和回笼资金而采取的销售策略。促销的实质是让利销售，促销的关键是一定要让顾客明白促销的诚意。

3. 品牌的推广

品牌推广是指以一定的形式，让更多的人了解和接受品牌的一系列促进和介绍活动。品牌推广最主要的目的是将产品迅速转化为商品，争取实现最大的销售。通常可以通过如下方式进行。

（1）订货会 订货会是指品牌服装公司面向专业客户开放并争取订单的产品推广形式。

（2）发布会 发布会是品牌服装公司以完整的着装状态向专业客户开放的产品推广形式。

（3）广告推广

① 动态媒体方式。是指利用电视、电影和广播等富有动感的现代化视听媒体来进行品牌推广。

② 静态媒体方式。是指利用报纸、杂志、海报、邮件等静态媒体来进行推广。

③ 人员媒体方式。是指直接让营销人员去推广品牌。

④ 网络媒体方式。电脑网络是一种新兴的信息传播媒体，利用电脑网络进行对品牌的推广，是近几年来的一种全新的品牌传播方式。

第三节 部分品牌服装的简介

一 国内部分服装品牌企业简介

1. 福建柒牌集团有限公司简介

柒牌集团是以服饰研究设计和制造为主，集生产、贸易为一体的综合性集团公司。柒牌集团始终坚持"精心、精细、精准、精确"的生产方针，倡导"立民族志气，创世界名牌"

的品牌战略，演义柒牌"比肩世界男装"的品牌形象。柒牌系列西服、夹克衫、休闲装、衬衫、T恤等，以风格时尚、款式经典、做工考究著称，现已成为大众时尚的焦点。

柒牌系列产品曾先后荣获：福建省著名商标，福建省名牌产品，中国服装博览会金奖，中国奥委会第十三届亚运会体育代表团唯一指定专用出国西服，中国体育唯一指定专用出国礼服，中国十佳过硬品牌等殊荣。

2. 浙江报喜鸟服饰股份有限公司

浙江报喜鸟服饰股份有限公司成立于2001年，注册资本6000万元，是报喜鸟集团旗下的核心企业之一，主要从事报喜鸟品牌西服和衬衫等男士系列服饰产品的设计、生产和销售。公司坚持走国内高档精品男装的发展路线，在国内率先引进专卖连锁特许加盟的销售模式，建立了我国运作最为规范、网络最为健全的男装专卖零售体系之一，是浙江省"五个一批"重点骨干企业。

公司坚持品牌经营的发展战略，以弘扬民族服饰品牌为己任，努力创造品牌的价值，提出"质量是品牌的基础、营销是品牌的活力、设计是品牌的灵魂"的品牌理念，设立功能齐全的研发设计中心，组建阵容强大的营销队伍，不断提高报喜鸟品牌的知名度和美誉度，提升品牌形象，打造以知识为基础的国际品牌。

3. 红豆集团有限公司

红豆集团有限公司是江苏省重点企业集团，国务院120家深化改革试点企业。"红豆"商标1997年被国家工商局认定为"中国驰名商标"，红豆主要产品均通过ISO 9002质量体系认证。

以服装起家的红豆集团有限公司，以创民族品牌为己任，1991年以来，先后荣获省级以上荣誉20多项。其中，1994年红豆服装被评为"中国十大名牌"；2001年9月，红豆衬衫被中国名牌推进委员会评定为"中国名牌"。并多次被评为"金桥奖"。产品除畅销全国市场，还出口20多个国家和地区。

4. 北京诗丹贝克服装有限责任公司

北京诗丹贝克服装有限责任公司创立于2002年，是一家集设计、开发、生产、销售于一体的，以重点开发中高档时尚男装见长的专业服装企业。公司拥有一支高效、团结、与时俱进的优秀团队，同时努力为有共同价值观的行业专业人士提供一个发挥其才智的舞台。

诗丹贝克服装公司拥有底蕴强大的产品优势，旗下的诗丹贝克（STENNBAKER）、雅阁威尔（ACCORDWELL）等男装品牌，品质精良，采用国际最为舒适、考究的风格面料，揉合国际时尚男装流行元素，推出多元化的系列产品及搭配组合，演绎出简练而不失高雅、经典而又具个性的成功男士形象。深受广大成功男士的喜爱，拥有忠诚稳定的消费群体。

二　世界部分服装品牌简介

1. 夏奈尔 Chanel

品牌简述：夏奈尔是一个有80多年经历的著名品牌，夏奈尔时装永远有着高雅、简洁、精美的风格，她善于突破传统，早在20世纪40年代就成功地将"五花大绑"的女装推向简单、舒适，这也许就是最早的现代休闲服。夏奈尔最了解女人，夏奈尔的产品种类繁多，每个女人在夏奈尔的世界里总能找到适合自己的东西，在欧美上流女性社会中甚至流传着一句话"当你找不到合适的服装时，就穿夏奈尔套装"。

公司简介：创始人 Gabrielle Chanel　夏奈尔于1913年在法国巴黎创立夏奈尔，夏奈尔的产品种类繁多，有服装、珠宝饰品、配件、化妆品、香水，每一种产品都闻名遐迩，特别是她的香水与时装。

2. 古琦 Gucci

品牌简述：古琦品牌时装一向以高档、豪华、性感而闻名于世，以"身份与财富之象征"品牌形象成为富有的上流社会的消费宠儿，一向被商界人士垂青，时尚之余不失高雅，古琦现在是意大利最大的时装集团。

公司简介：创始人 Guccio Gucci 古琦欧·古琦于1923年创立Gucci。位于佛罗伦萨的Gucci集团是当今意大利最大时装集团，Gucci除时装外也经营皮包、皮鞋、手表、家饰品、宠物用品、丝巾、领带、香水等。

3. 巴黎世家 Balenciaga

品牌简述："巴黎世家"服装一向是精于裁剪和缝制。斜裁是拿手好戏，以此起彼伏的流动线条强调人体的特定性感部位。结构上总是保持在服装宽度与合体之间，穿着舒适，身体也显得更漂亮。"巴黎世家"服装巧妙利用人的视错觉，腰带策略性地放低一点或把它提到肋骨以上，甚至可以巧妙地隐藏在紧身衣之中，服装看上去更加完美。非理想身材的人，一旦穿上"巴黎世家"服装，顿时显得光彩照人。"巴黎世家"的时装被喻为革命性的潮流指导，很多名流贵族都指定穿着他的时装，这些忠实客户包括西班牙王后、比利时王后、温莎公爵夫人、摩洛哥王后等，他们都是当年曾被世界各大时装杂志评选为最佳衣着的名人。

公司简介：创始人 Cristobal Balenciaga　克里斯托瓦尔·巴伦西亚加从跟随母亲学习针线开始一步一步走向成功的，于1937年在巴黎开设"巴黎世家"高级女装公司。现在的"巴黎世家"时装公司归属于杰奎斯博加特S.A（Jacques Bogart S.A），"巴黎世家"除了时装还经营香水。

4. 切瑞蒂1881 Cerruti 1881

品牌简述：切瑞蒂1881款式时刻紧随时尚，剪裁上更是将意大利式的手工传统、英国式的色彩配置和法国式的样式风格完美揉合，切瑞蒂极其注重面料的选用，流畅的线条是切瑞蒂的最大特点。他的男装更有名，是高贵、时尚与风格的象征。周润发、米高道格拉斯、李察基尔等很多著名影星都是切瑞蒂的顾客。

公司简介：Nino Cerruti尼诺·切瑞蒂是切瑞蒂1881创始人，被号称意大利时装之父，1930年出生于意大利，1967年在巴黎创立Cerruti 1881。

5. 卡尔文·克莱恩 Calvin Klein

品牌简述：Calvin Klein是美国第一大设计师品牌，曾经连续四度获得知名的服装奖项；旗下的相关产品更是层出不穷，声势极为惊人。Calvin Klein一直坚守完美主义，每一件Calvin Klein时装都显得非常完美。因为体现了十足的纽约生活方式，Calvin Klein的服装成为了新一代职业妇女品牌选择中的最爱。

公司简介：卡尔文·克莱恩（Calvin Klein）创始人Calvin Klein 1942年出生于美国纽约，就读于著名的美国纽约时装学院（F.I.T），1968年创办Calvin Klein "卡文克莱"公司。Calvin Klein是当之无愧为全美最具知名度的时装设计师。其产品范围除了高档次、高品位的经典之作外，克莱恩同时还是那些以青年人为消费对象的时髦的无性别香水和牛仔服装的倡导者。卡尔文·克莱恩（Calvin Klein）有Calvin Klein（高级时装）、CK Calvin Klein（高级成衣）、Calvin Klein Jeans（牛仔）三大品牌，另外还经营休闲装、袜子、内衣、睡衣、泳衣、香水、眼镜、家饰用品等。

6. 三宅一生 Issey Miyake

品牌简述：三宅一生是伟大的艺术大师，他的时装极具创造力，集质朴、基本、现代于一体。三宅一生似乎一直独立于欧美的高级时装之外，他的设计思想几乎可以与整个西方服装设计界相抗衡，是一种代表着未来新方向的崭新设计风格。三宅一生擅长立体主义设计，他的服装让人联想日本的传统服饰，但这些服装形式在日本是从来未有的。三宅一生的服装没有一丝商业气息，有的全是充满梦幻色彩的创举，他的顾客群是东西方中上阶层前卫人士。

公司简介：创始人Issey Miyake三宅一生1938年出生于日本广岛，曾在Givenchy（吉旺希）公司任设计助理。1970年在东京成立了三宅一生设计室，此后相继成立了三宅一生国际公司、饰品公司、欧洲公司、美国公司等。曾获日本时装编辑俱乐部奖、迈尼奇时装报大奖、纽约普瑞特（Pratt）学院杰出设计奖、美国时装设计协会奖、奈门－马科斯奖等多项大奖。

7. 乔治·阿玛尼 Giorgio Armani

品牌简述：乔治·阿玛尼现在已是在美国销量最大的欧洲设计师品牌，他以使用新型面料及优良制作而闻名。就设计风格而言，它们既不潮流亦非传统，而是二者之间很好地结合，其服装似乎很少与时髦两字有关。他的主打品牌乔治·阿玛妮（Giorgio Armani）针对富有阶层，玛尼（Mani）、爱姆普里奥阿马尼（Emporio Armani）、阿玛尼牛仔（Armani Jeans）针对普通消费者。

公司简介：创始人 Giorgio Armani（乔治·阿玛尼）1934年出生于意大利学习医药及摄影专业，曾在切瑞蒂任男装设计师，1975年创立乔治·阿玛尼。曾获奈门－马科斯奖、全羊毛标志奖、生活成就奖、美国国际设计师协会奖、库蒂·沙克奖等奖项。

8. 克里斯汀·迪奥 Christian Dior

品牌简述：克里斯汀·迪奥（简称CD），一直是炫丽的高级女装的代名词。他选用高档华丽、上乘的面料表现出耀眼、光彩夺目的华丽与高雅女装，备受时装界关注。他继承着法国高级女装的传统，始终保持高级华丽的设计路线，做工精细，迎合上流社会成熟女性的审美品位，象征着法国时装文化的最高精神，迪奥品牌在巴黎地位极高。

公司简介：创始人 Christian Dior 克里斯汀·迪奥1946年在巴黎创立克里斯汀·迪奥，克里斯汀·迪奥为巴黎稳固世界时装中心的地位有着不少贡献。除了高级时装外还经营香水、皮草、头巾、针织衫、内衣、化妆品、珠宝及鞋等，克里斯汀·迪奥的毒药（Poison）等香水誉满全球。

思考与练习

1. 什么是品牌定位？品牌定位的目的是什么？品牌定位包括哪些内容？
2. 简述品牌服装的运作程序。
3. 简述常见服装风格的特点及设计要点。
4. 模拟设计一品牌服装，简单分析其运作程序及要素。

参考文献

[1] 袁利、赵明东. 打破思维的界限—服装设计的创新与表现. 北京：中国纺织出版社，2005

[2] 陈闻. 服装设计的创意与表现. 上海：中国纺织大学出版社，2001

[3] 袁仄. 服装设计学. 北京：中国纺织出版社，2003

[4] 刘元风. 服装设计学. 北京：高等教育出版社，1995

[5] 刘元风，李迎军. 现代服装艺术设计. 北京：清华大学出版社，2005

[6] 胡小平. 现代服装设计创意与表现. 西安：西安交通大学出版社，2002

[7] 刘元风，胡月. 服装艺术设计. 北京：中国纺织出版社，2006

[8] 林松涛. 成衣设计. 北京：中国纺织出版社，2005

[9] 香港理工大学纺织及制衣系，香港服装产品开发与营销研究中心. 牛仔服装的设计加工与后整理. 北京：中国纺织出版社，2002.

[10] http://www.yfu.cn.

[11] http://www.sifzxm.com.

[12] 中国服装款式网

[13] http://www.pclady.com.cn.

[14] http://www.space.yoka.com.

[15] http://www.eeff.net.

[16] http://www.spaceyoka.com.

[17] http://www.chinasspp.com.

[18] http://www.87ka.com.

[19] http://efu.com.cn.

[20] http://www.T100.cn.

[21] http://www.pclady.com.cn.

[22] http://www.yfu.cn.

课 时 安 排

注：以上的课时安排只是计划学时，各个院校可以根据自身的专业特点调整课时分配、选择教学内容。